碳市场不同配额分配方式下企业最优定价及绿色自净研究

柯晓 管志贵 裴茜 著

上海财经大学出版社
SHANGHAI UNIVERSITY OF FINANCE & ECONOMICS PRESS

图书在版编目(CIP)数据

碳市场不同配额分配方式下企业最优定价及绿色自净研究/柯晓,管志贵,裴茜著.—上海:上海财经大学出版社,2024.6
ISBN 978-7-5642-4345-6/F•4345

Ⅰ.①碳… Ⅱ.①柯…②管…③裴… Ⅲ.①二氧化碳-排污交易-定价-研究-中国 Ⅳ.①X511

中国国家版本馆 CIP 数据核字(2024)第 070843 号

□ 策划编辑　汝　涛
□ 责任编辑　石兴凤
□ 封面设计　贺加贝

碳市场不同配额分配方式下企业最优定价及绿色自净研究

柯　晓　管志贵　裴　茜　著

上海财经大学出版社出版发行
(上海市中山北一路 369 号　邮编 200083)
网　　址:http://www.sufep.com
电子邮箱:webmaster@sufep.com
全国新华书店经销
上海锦佳印刷有限公司印刷装订
2024 年 6 月第 1 版　2024 年 6 月第 1 次印刷

710mm×1000mm　1/16　11.5 印张(插页:2)　165 千字
定价:59.00 元

序

　　能源消耗产生大量的温室气体排放,导致全球气候变暖,从而破坏人类的生存环境,影响经济的可持续发展,这样一个大趋势已经形成了全社会的共识。国际社会积极探讨通过碳交易的市场化机制,内化排放主体的交易成本,促进企业运用绿色自净策略,有效减少碳排放,校正碳排放的负外部性问题。在这样的时代背景下,本书的问世无疑具有强烈的时代意义和实践价值。综而观之,本书具有如下几个亮点:

　　其一,较强的理论创新。中国作为发展中大国,面临兼顾经济发展和环境保护的双重压力。碳市场的配额分配方式直接影响企业的整个定价决策和产量决策,企业在不同配额分配方式下如何选择最优的定价及进行绿色技术的改进至关重要。

　　但目前国内学者的研究主要聚焦于论证中国碳交易市场建立在相对减排模式下进行碳配额分配的必要性;国外学者则重点关注相对配额和绝对配额这两种配额方式中哪种配额方式可以更好地控制碳排放总量,有效地补偿外部性负效应。本书选取碳排放主体的定价策略和绿色技术运用策略这一独特而具体的视角进行系统研究,在此基础上提出政府决策和企业策略建议,切入点新颖,具有重大的理论创新价值。

　　其二,率先尝试构建定价模型,进行深入分析。本书率先尝试性地构建不同配额分配方式下的企业定价模型,层层递进地深入分析企业在不同环境规制条件下的定价策略、碳排放和绿色选择以及双寡头垄断条件下企业的博弈,探索企业在不同政府决策下的策略选择以及政府在不同考虑基础上制定合理的碳减排政策,从而优化了碳市场交易机制的研究方法,提高了研究的科学性、可行性和实践性,为进一步研究提供了量化工具,奠定了良好的基础。

其三,提出了具体的政府政策选择和企业决策建议。政府减排政策的制定对企业环保措施的选择以及碳排放总量具有重要的影响作用。本书从减排效果、经济增长、绿色技术和监管成本四个维度对政府的政策选择提出了针对性强且相当具体的建议。企业则应综合考虑给定的配额分配方式、碳排放增加的成本、绿色技术的成本以及产量、企业收益等因素制定价格策略和绿色自净策略。

环境保护和经济的持续发展是人类如今面临的强劲挑战,任重而道远。本书率先对深入研究碳市场构建的核心主体、排挖企业在不同配额分配方式下的定价策略和绿色自净策略做出了重要贡献,反映出三位年轻作者深厚的经济理论修养、敏锐的时代感知和强烈的社会责任感。

欣然作序。

涂永式

2024 年 1 月 26 日

目　录

第一章　绪论/001

　　第一节　研究背景/002

　　第二节　研究意义/025

　　第三节　可能的创新之处/027

　　第四节　研究框架/028

第二章　理论基础/030

　　第一节　文献综述/030

　　第二节　碳排放权交易机制理论基础/042

　　第三节　碳排放权分配制度的理论基础/054

　　第四节　产品定价理论/057

第三章　碳排放权分配制度演变/063

　　第一节　国际碳排放分配制度形成的发展历程/063

　　第二节　碳排放权分配的原则/068

　　第三节　碳排放初始分配的方式/071

第四章　我国碳排放分配制度的发展现状/077

　　第一节　我国碳排放交易试点的发展现状/077

　　第二节　我国碳排放交易试点的排放权分配制度/088

　　第三节　深圳碳排放交易试点在配额分配方式上的探索/100

第五章   不同配额分配方式下对单一企业定价的影响分析/104

    第一节   模型建构及定价差异分析/104

    第二节   不同配额方式下产品定价模型的数值实验/108

    第三节   小结/110

第六章   不同配额方式下对单一企业绿色技术选择及定价的影响
          分析/111

    第一节   模型建构/111

    第二节   模型分析及结论/114

第七章   不同配额分配方式下双寡头企业博弈模型分析/125

    第一节   绝对配额分配下的双寡头企业博弈模型/125

    第二节   相对配额分配下的双寡头企业博弈模型/144

    第三节   相对与绝对配额双寡头博弈模型的比较分析/150

第八章   研究结论和政策建议/158

    第一节   结论/158

    第二节   对策与建议/162

    第三节   研究展望/166

参考文献/167

第一章 绪 论

随着全球的气候日益变暖,对人类的日常生活也造成很大的影响。根据政府间气候变化委员会第四次评估报告的内容[1],可以清晰地看出,21世纪末如果气候持续变暖将会导致海平面平均升高26—59厘米,由此造成的难民数将高达2亿人左右,并且农业产量到2020年可能锐减50%。[2] 越来越多的科学家认为当前的气候变化和其他诸多环境问题是由人类自身活动引起的,尤其是由能源消耗产生的大量温室气体排放(通常以二氧化碳排放当量CO2e计算,简称碳排放)所致。[3] 为此,世界各国提出了强制减排、总量控制与交易、碳抵消(如CDM减排项目)、碳税和减排补贴等诸多措施,以减少碳排放。[4] 我国能源消耗和碳排放均居世界第一,近年来,诸如雾霾等恶劣天气更是严重威胁着人们的身心健康。面对日益严峻的减排压力,中国政府一方面正逐步加强与环境相关的立法(如2008年的《节约能源法》),另一方面也在积极探索碳权交易等其他减排措施(如深圳市试点的排放权交易所在2013年6月正式开盘,第一履约期的630多家企业被纳入排控范围),并将低碳发展和循环经济列为

---

① IPCC,2014. Climate change 2014:Mitigation of climate change. In:Ottmar,E. ,Ramon,P. ,Youba,S. ,et al. (Eds.). Working Group III Contribution to the Fifth Assessment Report of the Intergovernmental Panel on Climate Change. Cambridge University Press,UK.

② 张星. 福建粮食生产对气象灾害的敏感性研究[J]. 气象科技,2007,(2):232—235.

③ Zhang Jiangjiang,Nie Tengfei,Du shaofu. Optimal emission-dependent production policy with stochastic demand[J]. *International Journal of Society Systems Science*,2011,3(1):21—39.

④ Benjaafar S,Li Y,Daskin M. Carbon footprint and the management of supply chains: Insights from simple models[J]. *Trans on Automation Science and Engineering*,2013,10(1):99—105.

"十二五"规划的重要战略目标。① 毋庸置疑,排放控制时代已经来临。

第一节　研究背景

一、《联合国气候变化框架公约》

《联合国气候变化框架公约》(United Nations Framework Convention on Climate Change,UNFCCC,以下简称《公约》),是 1992 年在巴西里约热内卢举行的联合国环境与发展大会上由联合国政府间谈判委员会(The Intergovernmental Negotiating Committee for a Framework Convention on Climate Change,INC/FCCC)基于气候变化问题所达成的法律性文件。该公约签署的目的就是应对全球气候渐暖带来的一系列不利影响②,为应对全球气候变化问题而构建起国际合作的基本框架,这是世界范围内气候变化范围合作的历史性突破。

最早的温室效应理论是科学家 Baron J. B. Fourier 于 1827 年通过一系列实验计算地球表面温度受大气化学成分的影响而得来的。③ 1938 年,科学家 G. S. Callendar 向全世界发出温室气体将逐渐改变气候情况的预警。④ 虽然科学家们较早意识到温室气体增加对气候变化的影响效应,但起初社会各界普遍不接受此类预测和预警,世界各国仍旧一味地追求经济发展和扩张。直至 20 世纪 70 年代,世界环境和气候开始出现明显的恶化现象,人们才逐渐意识到气候变化对经济、社会、生态等方面的

---

① 马德成.加快转变经济发展方式的思路和意义——"'十二五'规划建议"解读[J].生态经济,2011,(4):185—187+191.

② 洪崇恩,耿国彪.哥本哈根,拯救人类的最后一次机会[J].绿色中国,2009,(23):8—21.

③ 杜志华,杜群.气候变化的国际法发展:从温室效应理论到《联合国气候变化框架公约》[J].现代法学,2002,5:145—149.

④ 杨兴.《气候变化框架公约》与国际法的发展:历史回顾、重新审视与评述[J].环境资源法论丛,2005(1):148—171.

一系列连锁反应,世界范围内开始重视温室气体过度排放的严重性,真正关注气候变化问题,并着眼于控制。

20世纪80年代末90年代初,世界范围内陆续举办了一系列以气候变化问题谈判为重点的政府间会议。[1] 1990年,政府间气候变化专门委员会公布其第一份评估报告。[2] 该报告经由上百名顶尖科学家和专家评议,确定了气候变化领域的科学依据,对《公约》的后期谈判产生了不可忽视的影响。

气候变化系统属于国际公共产品,"搭便车"倾向明显,易造成"公用地悲剧"。1990年,第二次世界气候大会由137个国家/地区和欧洲共同体组织进行了部长级谈判,呼吁建立基于气候变化问题的相关条约。[3] 经过艰苦谈判,会议虽未达成任何国际减排目标,但确定了一些重要原则,如"共同但有区别"、可持续发展原则等,为《公约》的后续落实奠定了基础。同年12月,气候变化公约谈判通过了联合国常委会的审核。1991年2月—1992年5月,气候变化框架公约政府间谈判委员会陆续进行了5次谈判会议,并最终于6月通过《联合国气候变化框架公约》。[4]

《公约》为全世界范围内应对气候变化问题提出了一系列具有建设性的国际合作基本框架,强调共同但也存在差异,其中规定发达国家和发展中国家所要履行的义务需因国制宜。[5]

根据历史数据统计,目前,全球温室气体的主要排放源是较早进行工业革命、经济发展水平较高的发达国家。因此,《公约》认为在控制温室气体的排放过程中发达国家应该履行主要的义务。《公约》还要求发达国家严格控制其温室气体的排放,并给予发展中国家一定程度的资金补偿。同时,《公约》建立了一个信息长效机制,要求各缔约方政府定期报告本国温室气体排放及相应的气候变化情况,对相关信息进行定期检讨、追踪和

① 里玉洁. 远洋航运船舶的 CO_2 减排和能效管理实务[J]. 中国海事,2014,(3):39—42.
② 王婉. 清洁发展机制的历史背景[J]. 低碳世界,2011,(3):42—44.
③ 徐保风. 气候变化伦理[D]. 湖南师范大学,2014.
④ 李新. 论中国参与国际气候谈判的立场与策略[D]. 湖南师范大学,2011.
⑤ 刘厚超. 气候变化视阈下国际技术转让法律问题研究[D]. 大连海事大学,2013.

汇报。

《联合国气候变化框架公约》第二条规定，"本公约以及缔约方签署法律文书的最终目的是减少温室气体排放，减少人为活动对气候系统的危害，减缓气候变化，增强生态系统对气候变化的适应性，确保粮食生产和经济可持续发展"。①

各国依托该公约缔约，在世界范围内建立起应对气候变化问题的防护系统，共同致力于控制温室气体的排放，将其浓度稳定在合理范围内。《公约》定位于整个气候变化系统，着眼于全球范围内的温室气体减排，构建起国际合作的基本框架。《公约》规定了五项基本原则，包括公平和"共同但有区别"的责任原则、充分考虑发展中国家的具体需要和特殊情况原则、预防原则、促进可持续发展原则以及国际合作与开放体系原则。② 关于基本原则，发达缔约方与发展中缔约方存在一定的分歧。发达国家认为其不利于对自身利益的维护，并对温室气体理论仍持怀疑态度，其中，美国尤其反对将此五项原则写入公约，这也为日后美国退出公约埋下铺垫。

二、《京都议定书》下的减排目标和承诺

气候变化问题涉及经济、政治、社会、生态、文化、外交等多方面因素，关系人类和社会的可持续发展，越来越引起国际各界的关注。从《联合国气候变化框架公约》到《京都议定书》，都体现了国际合作科学化、系统化、体系化的发展进程，意味着在气候变化领域有了新突破。《京都议定书》（Kyoto Protocol）是对《联合国气候变化框架公约》的修正、补充、扩展和具体化③，是具有执行性的法律公文，于 2005 年 2 月正式生效，标志着人类正式开始以法规形式限制温室气体的排放。

---

① 《联合国气候变化框架公约》第 2 条，联合国，1992.
② 《联合国气候变化框架公约》第 3 条，联合国，1992.
③ 牛哲莉.《新伙伴计划》与《京都议定书》：竞争还是合作[J]. 山东科技大学学报（社会科学版），2010，(2)：49—53.

《京都议定书》明确了 6 种需要减排的温室气体,分别为二氧化碳（CO_2）、甲烷（CH_4）、氧化亚氮（N_2O）、氢氟碳化物（HFCs）、全氟碳化物（PFCs）和六氟化硫（SF6）[1]；规定了缔约方的削减目标和期限；提出了灵活的履约机制；规定了"碳吸收汇"等内容。《京都议定书》将温室气体减排任务按照发达国家和发展中国家的不同义务分配情况划分了多个承诺期。

(一)《〈联合国气候变化框架公约〉京都议定书》的谈判进程

《公约》针对世界各国减排温室气体提供了一个系统的框架。为了实际行动更具有可参性、可操作性和科学性,世界范围内进行了多次缔约方会议,会议每年举办一次。[2] 从 1995 年第一次缔约方会议起至 2005 年《京都议定书》生效,共经历了 11 次缔约方会议。[3] 会议进程频繁遇阻,甚至出现倒退现象,其中,第六次缔约方会议甚至无果而终,并在次年进行了续会,详情见表 1—1。

表 1—1 　　　　　　　　《京都议定书》缔约方会议谈判进程

会议时间	会议名称	地 点	议 题	成 果
1995 年 3 月	第一次缔约方会议	柏林	如何加强发达国家对于温室气体的减排义务	包括《柏林授权书》在内的 21 项决定
1996 年 7 月	第二次缔约方会议	日内瓦	具体履约事项	《日内瓦部长宣言》
1997 年 12 月	第三次缔约方会议	日本京都	确定一个具有具体法律约束的温室气体减排目标和期限	《京都议定书》
1998 年 11 月	第四次缔约方会议	布宜诺斯艾利斯	"自愿承诺"是否加入公约,发展中国家是否承担义务	包括《布宜诺斯艾利斯行动计划》《审评资金机制》等在内的 19 项决定

---

① 《〈联合国气候变化框架公约〉京都议定书》附件 A,联合国,1997.
② 温融. 应对气候变化政府间合作法律问题研究[D]. 重庆大学,2011.
③ 赵军. 应对气候变化国际法律制度评析[D]. 外交学院,2006.

续表

会议时间	会议名称	地　点	议　题	成　果
1999 年 10 月	第五次缔约方会议	德国波恩	发展中国家的参与、京都机制、遵约程序、吸收汇	22 项无实质意义的决定,如商讨时间表
2000 年 11 月	第六次缔约方会议	海牙	如何落实议定书,从而切实履行发达国家在日本京都做出的减排温室气体的承诺	无果而终
2001 年 7 月	第六次缔约方会议续会	德国波恩	京都机制的运用、森林植被的折算、对违约行为的制裁、对发展中国家的资金和技术援助等	《波恩协定》
2001 年 10 月	第七次缔约方会议	摩洛哥马拉喀什	完成落实波恩政治协议的技术性谈判	《马拉喀什协议》
2002 年 11 月	第八次缔约方会议	约翰内斯堡	如何在可持续发展思想的框架下具体应对气候的相应变化	《德里宣言》
2003 年 12 月	第九次缔约方会议	米兰	资金机制、技术开发和转让合作等	无实质性进展
2004 年 12 月	第十次缔约方会议	布宜诺斯艾利斯	气候变化带来的一系列影响、温室气体减排政策及其影响、气候领域内的技术开发与转让等	《关于适应和应对措施的布宜诺斯艾利斯工作方案》《清洁发展机制有关的指导意见》等
2005 年 11 月	第十一次缔约方会议	蒙特利尔	"后京都时代"的减排承诺、各国义务划分等	强化执行规则、违反议定书的惩罚措施

　　资料来源:王毅刚,葛兴安,邵诗洋,等.碳排放交易制度的中国道路:国际实践与中国应用[M].北京:经济管理出版社,2011:42.

(二)《京都议定书》下的减排目标

　　《京都议定书》的主要目标是为了进一步有效应对全球气候变化带来的一系列威胁,兼顾经济与生态,维持可持续发展,并在《公约》的框架性规定基础上确定相关的削减和限制数量以及时间期限,为义务的履行制定可参考的依据。其根据发达国家和发展中国家的具体经济发展水平和碳排放情况,依据"共同但有区别"的原则,制定差异化规定:发达国家的义务履行期从 2005 年开启,而发展中国家则从 2012 年开始(即第二承诺期)。[①]

《京都议定书》第三条第一款规定,在第一承诺期结束时,六种温室气体的排放量削减到 1990 年水平之下 5%。第二款规定,到 2005 年,缔约方须承诺取得实质性进展。履约方式方面,对于减排方式的规定比较灵活,具体如下:第一,碳排放额度可以在国家间进行自由买卖,即未完成削减任务的国家可以从超额完成任务的国家购买碳排放额度,从而实现履约义务的相关规定[②];第二,"净排放量"的计算标准需要进行确定,即以碳实际的排放量扣除森林所吸收的 CO_2 量为最终的核算依据[③];第三,采用绿色开发机制,促使发达国家和发展中国家共同参与;第四,采用"集团"方式,即多个国家可视为统一的整体,总体上完成减排义务即可。[④]

(三)《京都议定书》承诺

1. 削减总量、限制数量和承诺期限

《京都议定书》第三条是对《公约》第四条的扩展与具体化,对温室气体的削减总量、限制数量和承诺期限做出了相关规定。

《京都议定书》第三条规定,缔约方应个别地或共同地确保六种温室气体的人为 CO_2 排放总量不超过限制标准及相关的分配数量[⑤],从而达成规定的减排承诺,以使其在承诺期限内保证六种气体的排放量全部从 1990 年的水平至少减少 5%。其中,《京都议定书》还对部分国家制定了详细、具体的减排任务:美国削减 7%,欧盟各国削减 8%,日本削减 6%,

---

① 李艳芳. 各国应对气候变化立法比较及其对中国的启示[J]. 中国人民大学学报,2010,(4):58—66.

② 原白云. 考虑碳减排的企业运营优化及供应链协调研究[D]. 天津大学,2014.

③ 钟晓青,杜伊,刘文,等. 国内温室气体减排:基本框架设计的生态经济问题——与刘世锦等商榷[J]. 再生资源与循环经济,2012,(12):13—19.

④ 张敬. 中国钢铁行业 CO_2 排放影响因素及减排途径研究[D]. 大连理工大学,2008.

⑤ 林云华. 国际气候合作与排放权交易制度研究[D]. 华中科技大学,2006.

加拿大削减 6％。[1] 发展中国家包括几个主要二氧化碳排放国,如中国、印度等均不受约束。[2]

2. 所有缔约方的义务承诺

《京都议定书》第三条在《公约》的基础上坚持"共同但有区别"的原则,对附件一中的缔约方不引入新的承诺,充分考虑缔约方不同的发展情况,重申依《公约》第四条规定的现有承诺,并结合第五条、第六条条款的内容,促进缔约方履行这些具体的承诺,从而保证实现社会可持续发展的总目标。[3] 这些义务包括:制订、执行、公布并定期更新减缓全球气候变化的具体措施和符合成本效益的国家方案;编制并进行定期更新《蒙特利尔议定书》未予管制的温室气体的各种排放源的人为排放和各种汇的清除的国家清单[4];采取一系列实际步骤促进、方便和酌情资助有益于环境的技术、专有技术、做法和过程,包括制定政策、方案;维护并加以发展有系统的观测系统和数据库;拟订和实施教育及培训方案;编制国家信息通报;等等。

同时,《京都议定书》规定,各缔约国须根据规定通报其义务履行情况,并定期进行监督与核查,以服从《京都议定书》对缔约国义务履行的监管。《京都议定书》第七条第三款,要求附件一缔约方每年提交关于温室气体的各种源的排放和汇的清除的国家清单。

3. 援助承诺

《京都议定书》第十一条规定,缔约方如果是发达国家,则应适当为发展中国家提供额外的资金支持,而迎合《公约》第四条第一款中的相关规

---

① 张凯南.《京都议定书》中清洁发展机制探析[D]. 中国政法大学,2009.

② 《〈联合国气候变化框架公约〉京都议定书》,联合国,1997.

③ 孙玉中. 共同但有区别的责任原则历史溯源与分类再研究[A]. 中国法学会环境资源法学研究会、环境保护部政策法规司. 可持续发展·环境保护·防灾减灾——2012 年全国环境资源法学研究会(年会)论文集[C]. 中国法学会环境资源法学研究会、环境保护部政策法规司,2012:9.

④ 陈刚. 集体行动逻辑与国际合作[D]. 外交学院,2006.

定。① 资金援助包括纯资金援助和技术转让资金援助,既满足《公约》规定的已有承诺,又包括实施该项条款而招致的全部增加费用。发达国家的资金援助在《公约》的资金机制的基础上可以通过双边、多边和区域的等多种渠道提供,以保证充足的资金支持。该项承诺基于《公约》,建立了一个保证发展中国家可以切实履行义务的资金机制。

三、后京都时代所确定的碳排放格局

2007 年 12 月,《京都议定书》第三次缔约方会议在印度尼西亚巴厘岛举行,会议达成了"巴厘岛路线图",即通往"后京都时代"的路线图,标志着"后京都时代"的开启。② 在应对全球气候变暖历程中,"共同但有区别"的原则是历次气候变化谈判的基础和核心依据,减排目标、资金支持和技术转移等事项的订立与该原则密不可分。第一承诺期主要针对发达缔约方的减排义务进行了相关约定,区域性配额分配也崭露头角。随着经济全球化的推进和全球经济竞争的日趋激烈,后京都时代必将面临更加严格的全球碳减排要求。如何量化全球减排配额、均衡发达国家与发展中国家的排放义务和利益,必然成为后京都时代的现实要求。

(一)后京都时代的碳排放格局

自《联合国气候变化框架公约》和《京都议定书》生效以来,世界各国均在温室气体减排方面做出了相应努力。以美国、欧盟和日本为代表的发达国家集团和以碳排放发展中大国中国、印度和巴西为代表的发展中国家集团,都纷纷制定政策,采取举措,努力减少碳排放量。但由于气候变化问题的政治、经济、社会、外交等潜在效应错综复杂,使得全球的减排蓝图并不完全遂如人意。

虽然全球范围现已超额完成第一承诺期的减排目标,但是具体分析

---

① 肖意成.气候变化技术国际转让法律机制研究[D].湘潭大学,2014.
② 王利.后《京都议定书》时代的前景探析[J].武汉科技大学学报(社会科学版),2009,3:77—81.

二氧化碳排放量可知:美国 2007 年 CO_2 排放总量较 1990 年增长 20%；日本甚至创历史新高；2007 年,欧盟中只有英国、德国、波兰和瑞典碳排放量下降明显,多数国家呈现出不同程度的上升趋势。相比而言,早期工业化国家的 CO_2 排放总量明显高于晚期工业化国家。

2013 年,《京都议定书》正式进入第二承诺期。通过对 2013 年、2014 年的 CO_2 排放总量数据分析可知,2013 年各国 CO_2 排放总量均得到了有效控制,2014 年 CO_2 排放总量与 2013 年持平,已取得明显成效。2020 年的 CO_2 排放总量较 2014 年进一步下降 1.4%,尤其美国、日本、印度分别下降 10.42%、16.67%、8.70%,详情见表 1-2。虽然,对于人均 CO_2 排放总量而言,发达国家仍旧明显高于发展中国家,但已开始进入下降阶段。随着经济的发展,部分发展中国家的人均 CO_2 排放总量出现了一定程度的上升,因此,发展中国家承担减排义务必然成为第二承诺期的重要议题。

表 1-2　　　　全球主要经济体 1990 年、2007 年、2013 年、2020 年
能源消耗产生 CO_2 排放情况

国家或地区	CO_2 排放总量($\times 10^{10}$ t)				人均 CO_2 排放总量(t)			
	1990 年	2007 年	2013 年	2020 年	1990 年	2007 年	2013 年	2020 年
美国	4.8	6.1	4.8	4.3	18.7	19.2	15.2	12.9
欧盟	3.6	3.8	3.2	3.5	7.6	7.6	5.6	5.0
中国	2.3	5.9	9.3	10.1	2.0	4.4	6.8	7.1
日本	1.0	1.2	1.2	1.0	8.3	9.7	9.4	7.9
印度	0.6	1.5	2.3	2.1	0.8	1.2	1.9	1.5
其他地区	9.0	10.2	11.5	11.0	—	—	—	—
全球	22.0	29.9	32.3	31.7	4.2	4.3	4.6	4.1

注:数据来源于国际能源署。表中不包括燃烧天然气、水泥生产或土地性质改变过程中所排放的 CO_2。

(二)后京都时代的碳排放权交易格局

1.碳排放总体交易格局

碳排放权交易最早来源于 1997 年签订的《京都议定书》的四种排放

方式,意味着二氧化碳等六种温室气体的排放权可以进行类似于商品的交易,但又不同于一般的商品交易。目前,碳排放权交易主要集中在美国、加拿大以及欧盟等发达国家和地区,具有明显的区域性和地方性。当前的碳排放权交易主要分为两种类型:一种是欧盟区域内的碳排放权交易,属于强制性配额交易;另一种是美国、加拿大等国家的碳排放权交易,奉行的是自愿原则。随着全球环境的日益恶化和减排义务的不断量化,碳排放权交易越来越受到各缔约方的关注。根据路孚特最新发布的报告可知,2021 年全球碳市场总交易额达 7 971 亿美元,超过 2017 年总交易额的 5 倍;2022 年全球碳排放交易额接近 9 289 亿美元,远超石油市场。

2. 欧盟地区

欧盟自《京都议定书》生效以来,一直切实履行减排义务,成为世界上第一个建立碳排放交易机制的地区。[①] 目前,欧盟拥有了多个关于碳排放交易的机构,例如,欧洲气候交易所、欧洲能源交易所、北欧电力交易所三大核心交易所和奥地利能源交易所、意大利电力交易所和伦敦能源经纪协会等多个一般交易所,已经发展成为世界上规模最大的碳排放交易市场,交易量占据全球总交易量的一半以上。[②] 并且,自 2001 年开始,欧盟就碳排放交易进行法律立案,使得其交易过程拥有法律保障。

截至 2023 年 1 月底,全球正在运行的碳市场有 28 个(欧盟碳交易市场、美国碳交易市场),另有 8 个碳市场正在建设当中,覆盖全球 17% 的温室气体排放。2022 年全球碳市场交易金额约为 8 650 亿欧元,仅欧盟碳市场交易金额就为 7 500 亿欧元。受乌克兰战争的影响,能源价格飙升,使得碳价上涨,平均价格达到 81 欧元/吨。全球碳市场共交易 125 亿吨碳配额,仅欧盟碳市场配额成交量就有 91 万吨,成交金额为 7 000 亿欧元。2023 年 4 月,欧盟理事会批准了改革碳排放交易系统、改革碳边境调节机制(俗称"碳关税",以下简称 CBAM)和创建社会气候基金三项法案。2023 年 5 月,欧盟碳边境调节机制法规案文被正式发布在欧盟官

① 付璐. 欧盟排放权交易机制之立法解析[J]. 地域研究与开发,2009,(1):124—128.
② 孙振坡. 国际碳交易融资机制与模式研究[D]. 西南交通大学,2011.

方公报上,标志着 CBAM 成为欧盟法律,将于 2023 年 10 月 1 日起开始实施。

3. 北美地区

(1)芝加哥气候交易所

芝加哥气候交易所于 2003 年成立,是全球第一个具有法律约束力、基于国际规则的自愿性温室气体减排交易平台。[①] 该平台实行会员制,提供了会员交易和流动交易两种交易渠道,是北美最具影响力、规模最大的交易平台。

(2)加州模式

加利福尼亚州议会于 2006 年通过了《全球温室效应治理法案》,该法案是美国制定的第一个关于温室气体减排的法案。[②] 基于该法案成立的空气资源理事会,负责监督和管制温室气体排放的报告与减排。法案规定,2020 年,加州的 CO_2 排放水平控制在 1990 年的水平。同时,加州还建立了类似于欧洲的基于市场的温室气体交易系统,与欧盟市场进行联通,成为美国碳排放交易的开创者。[③]

4. 亚太地区

新南威尔士的温室气体减排贸易体系是澳大利亚建立的关于碳排放量贸易的体系,具有地方性、强制性和行业性的特点,于 2003 年开始运行。[④] 其目的是减少电力引起的 CO_2 排放量并建立相应的补偿机制。2003 年,体系中人均排放量标准为 8.65 吨,致力于在 2007 年将该标准降到 7.27 吨,并在 2021 年前保持该标准。

5. 其他地区

新加坡碳排放量贸易交易所于 2008 年成立。日本、新加坡和韩国等国近几年也都在讨论如何建立地区性碳交易机构的实施方案,筹

---

① 程昊汝. 我国碳排放权机制设计的研究[D]. 华东师范大学,2011.
② 张庆阳. 各国气象灾害防御立法取向掠影[J]. 中国减灾,2014,(5):54—57.
③ 王赛玉. 90 年代以来美国加利福尼亚州的气候行动分析[D]. 苏州大学,2014.
④ 王陟昀. 碳排放权交易模式比较研究与中国碳排放权市场设计[D]. 中南大学,2012.

划逐渐开展碳交易市场。如今,越来越多的亚太国家以区域组织为媒介,开始致力于碳排放权交易体系的构建。2011 年 3 月,我国在《国民经济和社会发展"十二五"规划纲要》中明确提出逐步建立碳排放交易市场。

四、《巴黎协定》开启的全球减碳新纪元

2015 年 12 月 12 日闭幕的第 21 次缔约方大会和第 11 次成员国气候大会,通过了标志全球气候治理进入新阶段的《巴黎协定》。会议主要在总体目标、自主贡献、减缓适应、资金和技术、能力建设、透明度等方面达成共识。

在总体目标设定方面,《巴黎协定》进一步重申全球的控温目标为 2℃,并且尽量朝着升温不超过 1.5℃ 的目标努力,这与之前的气候谈判所达成的目标保持一致,也与国际权威机构 IPCC 所研究出的升温阈值设定相吻合。

在减缓适应方面,协定确立了一种全新的参与方式"自主贡献＋审评",即 2020 年之后,所有缔约方将以自主贡献的方式参与到全球应对气候变化的行动中来。发达国家要勇于承担减排责任,争取早日实现达峰目标,同时也要承认发展中国家所处发展阶段的客观现实,在不影响其经济发展的条件下,制定强制的减排目标,从而减少温室气体排放。除了减缓全球变暖以外,由于大气中温室气体一直不断增加,因此要加强适应能力建设,具体来讲,就是缔约方要定期提交或更新适应信息通报,增强对危害的适应能力。特别是小岛国联盟,由于气候问题对这些国家而言不仅仅是环境问题更是生存问题,因此探索风险转移、移民和补偿等适应全球变暖的新机制也显得尤为重要。

在资金和技术方面,协定明确了发达国家缔约方帮助发展中国家缔约方开展减缓和适应行动,也鼓励其他非缔约方自愿提供支持。发达国家应提供资金和技术支持,资金规模要超过先前规模且确保及时兑现,优先照顾极易受到气候变化影响及自身能力建设严重不足的国家和地区。

缔约方应就技术开发和转让达成一个长期的愿景,建立技术框架,促进技术开发和转让的强化行动。[①]

在透明度方面,各国需定期通报其自主贡献,包括国内的减缓措施,并依据协定所建立的规制对国家自主贡献的实施过程进行报告和评审。国际社会将从2023年开始,通过每五年一度的全球盘点对协定的长期目标实现情况进行评估,解决了各国自主贡献力度不够的问题,以实现全球控温目标。协定将于2016年4月22日至2017年4月21日在联合国总部开放,供各缔约方签署,其生效的条件是:不少于55个《公约》缔约方提交批准、接受、核准或加入文书,且这些国家的温室气体排放总量应至少占全球温室气体总排放量的55%以上。

在现有的全球气候治理格局下,《巴黎协定》确定了2020年以后的国家自主贡献度安排,这是一个公平合理、全面均衡、富有雄心和具有法律约束力的国际协定。它是在《联合国气候变化框架公约》《京都议定书》和巴厘路线图等一系列成果的基础上达成[②],按照气候谈判的"共同但有区别"的责任原则,以更加务实和包容的形式开启了全球气候治理的新纪元。

五、中国的减排目标和全国碳市场

(一)中国的减排目标与主要政策

在《巴黎协定》的框架之下,中国向联合国提交了其自主贡献度目标:到2030年,中国的CO_2排放量会达到峰值,单位GDP的CO_2排放量要比2005年下降60%—65%,其中,非化石能源在使用的总能源中占比要提升到20%左右,森林储蓄量也比2005年增加45亿立方米。[③] 自2021

---

① 蒋佳妮,王灿.气候公约下技术开发与转让谈判进展评述[J].气候变化研究进展,2013,(6):449—452.

② 李白."基础四国"与全球气候谈判[J].上海人大月刊,2012,(6):51—52.

③ 《巴黎协定》正式生效:中国设定了四大减排目标,2016年11月4日,http://news.cctv.com/2016/11/04/ARTINmMvNL834wLuzuAH2BRr161104.shtml。

年至今,国家各部门相继出台了一系列的碳排放政策,涉及碳达峰的顶层设计、碳排放管理行动 5 项、碳达峰碳中和标准建设行动 2 项、碳交易市场建设行动 3 项、能源双碳行动 10 项、节能降碳行动 9 项、工业达峰行动 13 项、城乡双碳行动 11 项、交通低碳行动 8 项、循环经济降碳行动 9 项、低碳科技创新行动 4 项、碳汇巩固行动 4 项、全民低碳行动 4 项、双碳支持政策 7 项等(见表 1—3)。

表 1—3　　　　2021 年起中国出台的主要碳达峰政策文件

涉及领域	政策文件	发文日期	发布单位	文件链接
顶层设计	《中共中央 国务院关于完整准确全面贯彻新发展理念做好碳达峰碳中和工作的意见》	2021-10-24	中共中央 国务院	https://www. gov. cn/zhengce/2021-10/24/content_5644613. htm
	《2030 年前碳达峰行动方案》	2021-10-26	国务院	https://www. gov. cn/zhengce/zhengceku/2021/10/26/content_5644984. htm
碳排放管理行动 5 项	《关于做好 2022 年企业温室气体排放报告管理相关重点工作的通知》	2022-03-15	生态环境部	https://www. mee. gov. cn/xxgk2018/xxgk/xxgk06/202203/t20220315_971468. html
	《关于加快建立统一规范的碳排放统计核算体系实施方案》	2022-04-22	国家发改委、国家统计局、生态环境部	https://www. gov. cn/zhengce/zhengceku/2022-08/19/content_5706074. htm
	《关于高效统筹疫情防控和经济社会发展 调整 2022 年企业温室气体排放报告管理相关重点工作任务的通知》	2022-06-07	生态环境部	https://www. gov. cn/zhengce/zhengceku/2022-06/12/content_5695325. htm
	关于印发贯彻实施《国家标准化发展纲要》行动计划的通知	2022-07-06	市场监管总局、网信办、发改委、科技部等	https://www. gov. cn/zhengce/zhengceku/2022-07/09/content_5700171. htm
	关于印发《企业温室气体排放核算与报告指南 发电设施》《企业温室气体排放核查技术指南 发电设施》的通知	2022-12-21	生态环境部	https://www. mee. gov. cn/xxgk2018/xxgk/xxgk06/202212/t20221221_1008430. html

续表

涉及领域	政策文件	发文日期	发布单位	文件链接
碳达峰碳中和标准建设行动2项	《关于印发建立健全碳达峰碳中和标准计量体系实施方案的通知》	2022-10-18	市场监管总局、国家发改委、工业和信息化部、自然资源部、生态环境部、住房城乡建设部、交通运输部、中国气象局、国家林草局	https://www.gov.cn/zhengce/zhengceku/2022-11/01/content_5723071.htm
	关于印发《碳达峰碳中和标准体系建设指南》的通知	2023-04-01	国家标准委等十一部门	https://www.gov.cn/zhengce/zhengceku/2023-04/22/content_5752658.htm
碳交易市场建设行动3项	《关于做好全国碳市场第一个履约周期后续相关工作的通知》	2022-02-17	生态环境部	https://www.mee.gov.cn/xxgk2018/xxgk/xxgk06/202202/t20220217_969302.html
	《中共中央 国务院关于加快建设全国统一大市场的意见》	2022-03-25	中共中央 国务院	https://www.chinacourt.org/article/detail/2022/04/id/6624175.shtml
	《全国碳排放权交易市场第一个履约周期报告》	2023-01-01	生态环境部	https://www.mee.gov.cn/ywgz/ydqhbh/wsqtkz/202301/t20230101_1009228.shtml
能源双碳行动10项	《关于完善能源绿色低碳转型体制机制和政策措施的意见》	2022-01-30	国家发改委、国家能源局	https://www.ndrc.gov.cn/xxgk/zcfb/tz/202202/t20220210_1314511.html
	《"十四五"现代能源体系规划》	2022-03-22	国家发改委、国家能源局	https://www.gov.cn/zhengce/zhengceku/2022-03/23/5680759/files/ccc7dffca8f24880a80af12755558f4a.pdf
	《氢能产业发展中长期规划(2021—2035年)》	2022-03-23	国家发改委、国家能源局	http://zfxxgk.nea.gov.cn/2022-03/23/c_1310525630.htm
	《煤炭清洁高效利用重点领域标杆水平和基准水平(2022年版)》	2022-05-10	国家发改委等部门	https://www.ndrc.gov.cn/xxgk/zcfb/tz/202205/t20220510_1324482.html?code=&state=123
	《"十四五"可再生能源发展规划》	2022-06-01	国家发改委等九部门	https://www.ndrc.gov.cn/xwdt/tzgg/202206/t20220601_1326720.html?code=&state=123
	《能源碳达峰碳中和标准化提升行动计划》	2022-10-09	国家能源局	http://www.nea.gov.cn/2022-10/09/c_1310668927.htm?eqid=b0a472020000c3e700000006643f3812
	《关于促进光伏产业链健康发展有关事项的通知》	2022-10-28	国家发改委	https://www.ndrc.gov.cn/xwdt/tzgg/202210/t20221028_1339678.html?code=&state=123
	《五部门关于开展第三批智能光伏试点示范活动的通知》	2022-11-11	工业和信息化部	https://www.gov.cn/zhengce/zhengceku/2022-11/14/content_5726816.htm

续表

涉及领域	政策文件	发文日期	发布单位	文件链接
能源双碳行动10项	《关于进一步做好新增可再生能源消费不纳入能源消费总量控制有关工作的通知》	2022-11-16	国家发改委	https://www.gov.cn/zhengce/zhengceku/2022-11/16/content_5727196.htm
	《关于积极推动新能源发电项目应并尽并、能并早并有关工作的通知》	2022-11-28	国家能源局	http://www.nea.gov.cn/2022-11/28/c_1310680384.htm
节能降碳行动9项	《"十四五"节能减排综合工作方案》	2022-01-24	国务院	http://www.scio.gov.cn/zdgz/jj/202309/t20230914_769431.html
	《减污降碳协同增效实施方案》	2022-06-17	生态环境部等七部门	https://www.gov.cn/zhengce/zhengceku/2022-06/17/content_5696364.htm
	《高耗能行业重点领域节能降碳改造升级实施指南(2022年版)》	2022-02-11	国家发改委等四部门	https://www.ndrc.gov.cn/xwdt/tzgg/202202/t20220211_1315447.html
	《关于严格能效约束推动重点领域节能降碳的若干意见》	2022-10-21	国家发改委	https://www.gov.cn/zhengce/zhengceku/2021-10/22/content_5644224.htm
	《国家工业和信息化领域节能技术装备推荐目录(2022年版)》	2022-11-03	工业和信息化部	https://www.gov.cn/xinwen/2022-12/02/content_5729981.htm
	《重点用能产品设备能效先进水平、节能水平和准入水平(2022年版)》	2022-11-17	国家发改委	https://www.gov.cn/zhengce/zhengceku/2022-11/18/content_5727693.htm
	《关于进一步加强节能标准更新升级和应用实施的通知(征求意见稿)》	2022-11-24	国家发改委	https://www.gov.cn/zhengce/zhengceku/2023-03/20/content_5747524.htm
	《国家清洁生产先进技术目录(2022)(公示稿)》	2022-11-28	生态环境部	https://www.gov.cn/zhengce/zhengceku/2023-01/17/content_5737542.htm
	《国家工业和信息化领域节能技术装备推荐目录(2022年版)》	2022-12-01	工业和信息化部	https://www.gov.cn/xinwen/2022-12/02/content_5729981.htm

续表

涉及领域	政策文件	发文日期	发布单位	文件链接
工业达峰行动13项	《"十四五"工业绿色发展规划》	2021-12-03	工业和信息化部	https://www.gov.cn/zhengce/zhengceku/2021/12/03/content_5655701.htm
	《关于促进钢铁工业高质量发展的指导意见》	2022-02-07	工业和信息化部、发改委、生态环境部	https://www.gov.cn/zhengce/zhengceku/2022/02/08/content_5672513.htm
	《关于"十四五"推动石化化工行业高质量发展的指导意见》	2022-04-07	工业和信息化部、发改委、科技部、生态环境部、应急部、能源局	https://www.gov.cn/zhengce/zhengceku/2022/04/08/content_5683972.htm
	《关于产业用纺织品行业高质量发展的指导意见》	2022-04-21	工业和信息化部、国家发改委	https://wap.miit.gov.cn/jgsj/xfpgys/wjfb/art/2022/art_e8013b07f7d64f36b328ba2772d43864.html
	《关于化纤工业高质量发展的指导意见》	2022-04-21	工业和信息化部、国家发改委	https://wap.miit.gov.cn/zwgk/zcwj/wjfb/yj/art/2022/art_a01b7532a39a41e891d2540da6981d72.html
	《关于推动轻工业高质量发展的指导意见》	2022-06-17	工业和信息化部、人力资源社会保障部、生态环境部、商务部、市场监管总局	https://www.gov.cn/zhengce/zhengceku/2022/06/19/content_5696665.htm
	《工业水效提升行动计划》	2022-06-21	工业和信息化部、水利部、国家发改委、财政部、住房城乡建设部、市场监管总局	https://www.gov.cn/zhengce/zhengceku/2022/06/22/content_5697083.htm
	《关于印发工业领域碳达峰实施方案的通知》	2022-08-01	工业和信息化部、国家发改委、生态环境部	https://www.gov.cn/zhengce/zhengceku/2022/08/01/content_5703910.htm
	《关于开展2022年工业节能监察工作的通知》	2022-08-02	工业和信息化部	https://wap.miit.gov.cn/jgsj/jns/wjfb/art/2022/art_a942c8baeeed43cd9c35a701b43592a6.html
	《加快电力装备绿色低碳创新发展行动计划》	2022-08-29	工业和信息化部	https://www.gov.cn/zhengce/2022-08/30/content_5707401.htm
	《关于下达2022年度国家工业节能监察任务的通知》	2022-10-21	工业和信息化部	https://wap.miit.gov.cn/zwgk/zcwj/wjfb/art/2022/art_ba3bdcbd506d4daebfc2cc545405cd80.html
	《有色金属行业碳达峰实施方案》	2022-11-15	工业和信息化部、国家发改委、生态环境部	https://www.gov.cn/zhengce/zhengceku/2022/11/15/content_5727056.htm
	《2021年碳达峰碳中和专项行业标准制修订项目计划》	2021-12-22	工业和信息化部	https://wap.miit.gov.cn/zwgk/zcwj/wjfb/tz/art/2021/art_5492f65dd96e4e9eb8c8cbf21748bcdf.html

续表

涉及领域	政策文件	发文日期	发布单位	文件链接
城乡双碳行动11项	《关于推动城乡建设绿色发展的意见》	2021-10-21	中共中央办公厅、国务院办公厅	https://www.gov.cn/gongbao/content/2021/content _ 5649730.htm? eqid = a959d47900001ad9000000046461f4a0
	《"十四五"建筑业发展规划》	2022-01-25	住房和城乡建设部	https://www.gov.cn/zhengce/zhengceku/2022-01/27/content_5670687.htm
	《"十四五"推进农业农村现代化规划》	2022-02-11	国务院	https://www.gov.cn/zhengce/content/2022-02/11/content_5673082.htm
	《"十四五"住房和城乡建设科技发展规划》	2022-03-01	住房和城乡建设部	https://www.gov.cn/zhengce/zhengceku/2022-03/12/content_5678693.htm
	《"十四五"建筑节能与绿色建筑发展规划》	2022-03-11	住房和城乡建设部	https://www.gov.cn/zhengce/zhengceku/2022-03/12/content_5678698.htm
	《农业农村减排固碳实施方案》	2022-06-30	农业农村部、国家发改委	http://www.kjs.moa.gov.cn/hbny/202206/t20220629_6403713.htm
	《城乡建设领域碳达峰实施方案的通知》	2022-07-13	住房和城乡建设部、国家发改委	https://www.gov.cn/zhengce/zhengceku/2022-07/13/content_5700752.htm
	《建设国家农业绿色发展先行区 促进农业现代化示范区全面绿色转型实施方案》	2022-09-28	农业农村部	http://agri.jl.gov.cn/zwgk/zcfg/zc/202210/t20221002_8591203.html
	《关于扩大政府采购支持绿色建材促进建筑品质提升政策实施范围的通知》	2022-10-24	财政部、住房和城乡建设部、工业和信息化部	https://www.gov.cn/zhengce/zhengceku/2022-10/25/content_5721569.htm
	《"十四五"乡村绿化美化行动方案》	2022-10-31	国家林草局	https://www.gov.cn/xinwen/2019-03/28/content_5377633.htm
	《建材行业碳达峰方案》	2022-11-07	住房和城乡建设部、国家发改委、工业和信息化部、生态环境部	https://www.gov.cn/zhengce/zhengceku/2022-11/08/content_5725353.htm

续表

涉及领域	政策文件	发文日期	发布单位	文件链接
交通低碳行动 8 项	《数字交通"十四五"发展规划》	2021-12-22	交通运输部	https://xxgk. mot. gov. cn/2020/jigou/zh-ghs/202112/t20211222_3632469. html
	《"十四五"现代综合交通运输体系发展规划》	2022-01-18	国务院	https://www. gov. cn/zhengce/content/2022-01/18/content_5669049. htm
	《绿色交通"十四五"发展规划》	2022-01-21	交通运输部	https://www. gov. cn/zhengce/zhengceku/2022-01/21/content_5669662. htm
	《城市绿色货运配送示范工程管理办法》	2022-03-16	交通运输部、公安部、商务部	https://www. gov. cn/zhengce/zhengceku/2022-03/16/content_5679316. htm
	《交通领域科技创新中长期发展规划纲要(2021—2035 年)》	2022-03-28	交通运输部、科技部	https://www. gov. cn/zhengce/zhengceku/2022-04/06/content_5683595. htm
	《中共中央 国务院关于完整准确全面贯彻新发展理念做好碳达峰碳中和工作的意见》	2022-06-24	交通运输部、国家铁路局、中国民用航空局、国家邮政局	https://www. mofcom. gov. cn/article/zcfb/zcwg/202112/20211203225956. shtml
	《绿色交通标准体系(2022 年)》	2022-08-18	交通运输部	https://www. gov. cn/zhengce/zhengceku/2022-08/23/content_5706441. htm
	《关于加快内河船舶绿色智能发展的实施意见》	2022-09-28	工业和信息化、发改委、财政部、生态环境部、交通运输部	https://www. gov. cn/zhengce/zhengceku/2022-09/29/content_5713614. htm

续表

涉及领域	政策文件	发文日期	发布单位	文件链接
循环经济降碳行动9项	《国务院关于加快建立健全绿色低碳循环发展经济体系的指导意见》	2021-02-22	国务院	https://www.gov.cn/zhengce/zhengceku/2021-02/22/content_5588274.htm
	《"十四五"循环经济发展规划》	2021-07-01	国家发改委	https://www.gov.cn/zhengce/zhengceku/2021-07/07/content_5623077.htm
	《关于组织开展可循环快递包装规模化应用试点的通知》	2021-12-08	国家发改委、商务部、国家邮政局	https://www.ndrc.gov.cn/xxgk/zcfb/tz/202112/t20211208_1307084.html
	《工业废水循环利用实施方案》	2021-12-29	工业和信息化部、发改委、科技部、生态环境部、住房和城乡建设部、水利部	https://www.gov.cn/zhengce/zhengceku/2021-12/30/content_5665453.htm
	《关于组织开展废旧物资循环利用体系示范城市建设的通知》	2022-02-10	工业和信息化部等八部门	https://www.ndrc.gov.cn/xwdt/tzgg/202201/t20220121_1312651.html?code=&-state=123
	《关于加快推进废旧纺织品循环利用的实施意见》	2022-04-11	国家发改委、商务部、工业和信息化部	https://www.gov.cn/zhengce/zhengceku/2022-04/12/content_5684664.htm
	《关于深入推进公共机构生活垃圾分类和资源循环利用示范工作的通知》	2022-08-31	国家机关事务管理局	https://www.ggj.gov.cn/tzgg/202208/t20220831_41129.htm
	《关于加强县级地区生活垃圾焚烧处理设施建设的指导意见》	2022-11-28	国家发改委	https://www.gov.cn/zhengce/zhengceku/2022-11/29/content_5729354.htm
	《关于进一步做好新增可再生能源消费不纳入能源消费总量控制有关工作的通知》	2022-11-16	国家发改委、统计局、能源局	https://www.gov.cn/zhengce/zhengceku/2022-11/16/content_5727196.htm#:～:text=

续表

涉及领域	政策文件	发文日期	发布单位	文件链接
低碳科技创新行动4项	《"十四五"能源领域科技创新规划》	2022-04-02	国家能源局、科技部	https://www.gov.cn/zhengce/zhengceku/2022-04/03/content_5683361.htm
	《科技支撑碳达峰碳中和实施方案（2022—2030年)》	2022-08-18	科技部等九部门	https://www.gov.cn/zhengce/zhengceku/2022-08/18/content_5705865.htm
	《"十四五"能源领域科技创新规划》	2022-10-25	国家能源局、科技部	https://www.gov.cn/zhengce/zhengceku/2022-04/03/content_5683361.htm
	《"十四五"生态环境领域科技创新专项规划》	2022-11-02	科技部、生态环境部、住房和城乡建设部、气象局、林草局	https://www.gov.cn/zhengce/zhengceku/2022-11/02/content_5723769.htm
碳汇巩固行动4项	《关于加快推进竹产业创新发展的意见》	2021-12-06	国家林草局、国家发改委、科技部、工业和信息化部、财政部、自然资源部、住房和城乡建设部、农业农村部、原中国银保监会、原中国证监会	https://www.forestry.gov.cn/main/2614/20211224/120758752982993.html♯:～:text=
	《林业碳汇项目审定和核证指南》（GB/T 41198-2021)	2021-12-31	国家市场监督管理总局、中国国家标准化管理委员会	http://m.ynforestry-tec.com/upload/manager/image/202006/01/20200601103317977238948.pdf
	《海洋碳汇经济价值核算方法》	2022-02-21	自然资源部	http://gi.mnr.gov.cn/202202/P020220221604672373514.pdf
	《海洋碳汇核算方法标准》	2023-01-01	自然资源部	https://www.nssi.org.cn/cssn/js/pdfjs/web/preview.jsp?a100＝HY/T％200349-2022

涉及领域	政策文件	发文日期	发布单位	文件链接
全民低碳行动4项	《加强碳达峰碳中和高等教育人才培养体系建设工作方案》	2022-05-07	教育部	http://www. moe. gov. cn/srcsite/A08/s7056/202205/t20220506_625229. html
	《关于实施储能技术国家急需高层次人才培养专项的通知》	2022-08-31	教育部、国家发改委、国家能源局	http://www. moe. gov. cn/srcsite/A22/moe_826/202208/t20220831_656838. html
	《2022年绿色低碳公众参与实践基地征集活动方案》	2022-09-19	生态环境部	https://www. mee. gov. cn/xxgk2018/xxgk/xxgk06/202209/t20220919_994246. html
	《绿色低碳发展国民教育体系建设实施方案》	2022-11-08	教育部	https://www. gov. cn/zhengce/zhengceku/2022-11/09/content_5725566. htm
双碳支持政策7项	《关于引导服务民营企业做好碳达峰碳中和工作的意见》	2022-03-25	全国工商联	https://www. ndrc. gov. cn/fggz/hjyzy/tdftzh/202203/t20220325_1320314_ext. html
	《固定资产投资项目节能审查办法》	2023-06-01	国家发改委	https://www. gov. cn/zhengce/2023-04/06/content_5750368. htm
	《中国银保监会关于印发银行业保险业绿色金融指引的通知》	2022-06-01	原银保监会	https://www. gov. cn/zhengce/zhengceku/2022-06/03/content_5693849. htm
	关于印发《财政支持做好碳达峰碳中和工作的意见》的通知	2022-05-25	财政部	https://www. gov. cn/zhengce/zhengceku/2022-05/31/content_5693162. htm
	《关于开展气候投融资试点工作的通知》	2021-12-21	生态环境部、发改委、工业和信息化部、住房和城乡建设部、中国人民银行、国资委、国管局、原银保监会、原证监会	https://www. gov. cn/zhengce/zhengceku/2021-12/25/content_5664524. htm
	《上海证券交易所"十四五"期间碳达峰碳中和行动方案》	2022-03-25	上交所	https://www. ndrc. gov. cn/fggz/hjyzy/tdftzh/202203/t20220325_1320343_ext. html
	《支持绿色发展税费优惠政策指引》	2022-06-01	国家税务总局	https://www. gov. cn/xinwen/2022/06/01/content_5693350. htm

(二)中国减排市场的发展进程

1. CCER 的设立与成绩

CCER(China Certified Emission Reduction,国家核证自愿减排量)为中国自愿减排市场建立了一个相对完善的运行管理体系,鼓励中国企业、组织和个人采取自愿减排行动。根据中国自愿减排交易信息平台的数据显示,自 2004 年启动至 2017 年暂停期间,共有 2 871 个项目在公示受理阶段,其中,风电、光伏和甲烷利用项目类型最为常见,分别占比33.0%、29.0%和 14.1%;已备案的 CCER 项目为 861 个,主要是与可再生能源发电相关的项目;已获核证减排量的项目为 254 个,其中,风电、光伏发电、沼气利用和水电项目分别有 90 个、46 个、41 个和 32 个;已备案的方法学共有 275 个。CCER 在推动全社会以低成本实现碳减排目标和促进绿色低碳发展转型方面做出了积极贡献。然而,在 2017 年 3 月,CCER 被相关部门叫停。

2. CCER 暂停的主要原因

首先,交易价格低廉。CCER 平台已经累计交易了 4.43 亿吨的减排量,交易金额超过 40 亿元,但每吨的单价仅为 10 元,相当于欧盟碳市场的 10%(欧盟碳价为 81 欧元/吨)。与这样低廉的价格相比,国内的交易价格无法有效激励减排行为,并且难以获得金融机构的资金支持。

其次,供需不平衡。2015 年,在全国七个碳交易试点区域中发放了约 12 亿吨的配额,但在 2016 年用于抵消的 CCER 减排量仅约为 800 万吨,占总配额的 0.67%,远低于规定的 5%—10%。这种持续供大于求的情况导致大部分 CCER 项目积压,不利于稳定进行碳交易。

最后,流动性受限。全国和八个试点碳市场之间存在地区政策和范围上的差异。试点碳市场常常在抵消比例、项目来源地区以及使用时效等方面设置限制。例如,在北京地区,控排企业使用 CCER 进行抵消不得超过当年核发配额的 5%;优先使用来自与本市签署合作协议地区的CCER 项目减排量;市外 CCER 不得超过企业当年核发配额量的 2.5%;

交易的减排量必须在 2013 年 1 月 1 日之后产生。这些限制导致 CCER 项目无法在广泛范围内流动,一些地区 CCER 减排量供不应求,而其他地区则过剩,这在一定程度上影响了碳市场的活跃度。

根据《碳排放权交易管理办法(试行)》规定,全国碳交易市场履约抵消政策明确规定重点排放单位每年使用 CCER 抵消碳配额的比例不得超过应缴纳碳排放配额的 5%。据估算,目前全国碳市场配额总量为 45 亿吨,每年对 CCER 的需求最大为 2.25 亿吨。然而,经过 6 年的暂停后,目前存量仅剩 1 000 多万吨。与此同时,强制性碳交易市场却达到了 45 亿吨的规模,这使得强制性碳市场和自愿减排市场之间出现严重不平衡的情况。要扭转这种状况,就需重新启动自愿减排市场,并增加自愿减排量的力度。

第二节　研究意义

对于不同配额分配方式下企业绿色自净策略和产品定价的研究,有着重要的理论意义和现实意义。

一、理论意义

本书主要是从微观企业层面考虑在政府规制明确的情形下企业的绿色自净策略选择和产品定价策略选择。其理论意义主要体现在:第一,为探索更有助于企业减排和增加整体社会福利的配额分配政策提供了理论指导;第二,通过模型建构和分析,得出了企业在何种情形下采用绿色技术以及采用绿色自净的成本和收益,该最优化模型与当下的碳排放约束政策相契合,更符合企业所面临的约束条件;第三,在考虑多市场主体参与的情景下,双寡头企业的决策行为拓展和丰富了双寡头竞争条件下的企业最优化模型。综上所述,由于企业面临新的政策约束,其决策行为也必然相应变化。该研究主要针对企业行为变化进行建模分析,具有重要的理论意义。

二、现实意义

绝对配额方式是指政府在总排放容量的控制下,企业根据排放总量绝对减排情况给予配额的方式。绝对配额方式是国际碳排放市场上通行的分配方式,但是绝对配额本身对企业影响较大。

目前,国际上普遍采用的是绝对减排下的绝对配额分配方式。欧盟碳排放权交易体系(EU ETS)、英国能源效率体系(CRC)、北美西部气候倡议(WCI)以及东京总量控制交易体系(TMG)都是在此基础上进行配额分配的,其实施关键在于总量的确定和初始额度的分配。欧盟还通过严格的罚款和制裁措施,推动活跃的碳交易。

相对分配方式主要是指企业的碳配额由碳强度、产值等相对值决定。我国主要用相对配额方式进行分配。目前,中国的碳排放权交易试点采用了相对配额方式,即基于企业产出及基准碳强度来考量配额的分配,这种方式更多的是基于各国所处发展阶段及社会环境的差异。欧美等发达国家或地区已经进入后工业化时代,其排放的二氧化碳占全球碳排放的绝大部分。因此,在联合国大会上相关国家已达成共识,发展中国家与发达国家在减排问题上应采取"共同但有区别"的原则。尤其是中国作为主要制造及出口大国,加上能源结构高煤化、高耗能行业密集、碳生产率水平低等现状,使得中国目前碳排放总量排名世界第一。如果中国接受了绝对分配方式,在当前能源技术和环保技术无法取得革命性突破的背景下,部分产业鉴于成本上升将选择减少产量、停业或转移到其他没有限制的发展中国家。绝对分配方式的硬约束将使中国以牺牲经济增长为代价。尽管中国 GDP 达到世界第二,但人均 GDP 水平仍然较低。稳定的经济增长不仅是经济和社会和谐发展的保障,而且是中国作为发展中国家行使发展权的体现。中国作为世界工厂,是全球最大的碳排放国,一旦接受现行的国际制度,必将为减排付出高额成本。因此,中国应强调区别原则,在与发达国家围绕碳排放权和经济发展权问题的博弈中坚持追求经济增长前提下的低碳经济发展效率的提升,即在稳定增长的前提下提升碳生产率,降低碳排放强度。

在控排企业产品定价策略方面,产品定价是企业经营的核心,直接决定企业是否盈利、盈利多少。在政府碳配额规制情景下,采用绿色技术或者处于垄断竞争状态都会影响到企业的产品定价策略。企业如何选择合理的产品定价策略,政府如何根据企业定价策略达到既定的政策效果,这对于政府及企业来讲是具有一定的现实意义的。

在控排企业绿色技术选择方面,不同配额方式下企业是否采用绿色技术,以及采用绿色技术之后最优定价的对比,都为政府和企业提供了有意义的决策参考。

对整体社会成本而言,政府的环境规制反映了政府的利益诉求,企业的生产经营策略选择符合企业利益最大化的基本定理,政府希望企业长期持续盈利,同时还要追求整体社会利益的最大化。在碳排放问题上,主要体现在碳排放的持续下降、环境的不断改善,这些也都具有重要的现实意义。

第三节 可能的创新之处

本书的主要创新点有:

第一,企业在定价以及产量上的决策,不仅影响企业本身,而且其表现直接影响经济增长。碳排放市场的配额分配方式对企业的定价和产量决定是有直接影响的。目前,国内学者聚焦在论证我国碳交易市场建立在相对减排(主要是碳强度)模式下进行碳配额分配的必要性。在此基础上进行企业定价策略的比较分析以及两种配额方式下企业环保技术的选择对于产品定价的影响分析,国内暂无先例。通过建构定价模型,分析两种分配方式下不同的决策行为和影响因子,从中发现企业决策规律,进而探索对企业及政府双方都有利的碳排放政策,具有一定的理论价值。

第二,多数西方学者认为从控制碳排放总量看,碳排放总量交易原则(绝对配额)优于碳排放强度交易原则(相对配额)。在相对配额方式下,碳排放总量随着企业产出的变动而变动,所以企业的总产出、总排放量和外部成本更高,相比绝对配额方式,其无法对外部性进行有效补偿。

如上节所述,经济增长及环境保护是未来中国碳排放市场不可忽视的两个主题。我国是发展中大国,既要考虑绿色环保可持续性发展,又要兼顾经济增长、社会稳定。因此,国内更倾向于采用碳强度约束(相对分配方式)来制定配额分配机制。然而,近年来,随着中国碳排放的持续增加以及碳减排责任的热议,发达国家时常在碳排放峰会上抨击我国的碳排放配额机制安排。因此在理论上探讨相对配额方式在企业绿色技术改进上的制度优势以及绿色技术革新的意义,是非常重要的。而目前,这方面的国内外研究较少。

本书尝试通过建构不同配额方式下的企业定价模型,层层递进,不断放宽假定条件,试图系统梳理企业在不同约束调价下的定价策略和收益情况,根据企业在不同配额方式下的定价、碳排放以及绿色选择上的反应,理论上分析西方学者在相对减排以及其配额方式上的认识误区;根据不同企业在不同配额方式下的绿色选择,探索政府在不同环境下如何制定合理的碳减排政策。

本书由于相关企业的微观数据涉及商业机密,暂未能进行大规模的实证研究,实属遗憾。第五章至第七章多为理论推导,仅在第五章部分通过获取单一企业数据得出部分实证结果。即便如此,模型的推导得出了不少有意思的结果。若未来情况允许,则可以将研究的假设条件继续放开,考虑多家企业竞争的情形,进行仿真分析,这样更符合实际情况。

第四节　研究框架

本书主要包括八个部分,其中,第一部分是绪论,主要介绍研究背景、研究的理论和现实意义、相关研究综述、创新和不足以及研究的整体框架;第二部分是理论基础,包括新制度经济学、环境经济学、低碳经济、企业管理等相关理论;第三部分则简单描述碳排放权分配制度的演变过程;

第四部分对我国的试点碳市场发展现状进行整理归纳;第五部分主要研究单一企业在不同配额分配方式下的定价策略选择;第六部分研究单一企业在考虑绿色自净技术选择条件下的定价策略选择;第七部分则进一步放松假设,研究在不同配额分配方式且考虑绿色自净技术选择下,双寡头垄断情境下企业的定价策略选择。第八部分为本书的结论部分。

第二章　理论基础

第一节　文献综述

对于不同配额分配方式下企业绿色自净和产品定价的研究,本书将分别从"总量控制和交易"机制、配额分配的选择、企业绿色技术选择和双寡头垄断型企业博弈四个方面做归纳总结。

一、"总量控制和交易"机制

在一个竞争完全充分、信息比较全面的市场中,碳交易量和碳税在减排上的效果没有明显的差异。[①] 基于此,最初对于市场中的碳交易和碳税的分析都是采用替代性方案,并不是两者之间互相补充的思路;在具体的实践中,碳交易是从科斯定理发展而来的,碳税是从庇古理论发展而来的,两者受到诸多的现实因素影响,使得实践中的减排效果并没有达到理论的预期。具体而言,在碳税的税率设置方面需要特别考虑个人成本和边际社会成本之间的差别,因为不同的地区边际减排成本和边际社会成本之间是有区别的,但由于信息的不对称和地区的差异性,即使技术发展很快,在根据碳排放量设置碳税税率方面还是具有很大的困难。相较于碳税来说,基于科斯定理和产权理论的碳交易是通过污染物创造出的排放权比较稀缺,因而赋予其一定的经济价值。碳排放主体参与碳交易是以理性经济人的身份参与的,从而确保环境的整体效果可以达到预期。

---

① Weitzman M L. Prices vs. Quantities[J]. *The Review of Economic Studies*, 1974: 477 —491.

　　王毅刚则认为,碳交易中的理论虽然吸引人,但是实践中仍有一定的不可行性,因为具体的交易制度在设置方面存在很大的阻碍。①

　　如果减排成本较高,那么碳排放的主体就会想方设法通过多缴纳一些碳税来换取更多的碳排放量;但是由于碳交易的总额是固定的,只能利用碳配额价格的变化来传导减排成本的变化,从而导致减排成本在一定程度上不固定。此外,碳排放和碳税的价格还受行业竞争和收入分配等因素的影响。从单一政策解读单一问题的思维来看,早期对于碳交易和碳税的研究受到很大的阻碍,因此,新的研究需要以实践应用为导向,通过碳交易和碳税相互补充的思维来探索新的方向和任务。

　　国外关于环境政策叠合(policy interaction)这方面的研究是从政治学开始的:Wildavsky② 的主要贡献是提出了重叠是多种政策发展的缘由,对于外部问题的解决可以从内部问题着手处理;Majon③ 则认为,如果在政策众多的情形下方案不是越多越好,并非新方案的提出一定能解决问题,因为新方案的提出会带来新问题;而在环境问题方面,Roberts 和 Spence④ 则提出了如果将数量机制和价格机制结合在一起,则会使社会成本降低;Smith⑤ 在此方面的研究则是提出附加税收和补贴机制可以在命令—控制的基础上进行;Pize⑥ 则是发现混合路径不仅相对价值机制

　　① 王毅刚,葛兴安,邵诗洋,等. 碳排放交易制度的中国道路:国际实践与中国应用[M].北京:经济管理出版社,2011:42.

　　② Wildavsky A. *Speaking Truth to Power: The Art and Craft of Policy Analysis* [M].Boston:Little,Brown and Co,1979:431.

　　③ Majone G. *Evidence, Argument, and Persuasion in the Policy Process* [M]. Yale University Press,1989:159.

　　④ Roberts M J,Spence M. Effluent Charges and Licenses under Uncertainty[J]. *Journal of Public Economics*,1976,5(3):193—208.

　　⑤ Smith S. The Compatibility of Tradable Permits with other Environmental Policy Instruments[J]. *Implementing Domestic Tradable Permits for Environmental Protection*,1999,212.

　　⑥ Pizer W A. Combining Price and Quantity Controls to Mitigate Global Climate Change [J]. *Journal of Public Economics*,2002,85(3):409—434.

而且相对数量机制都具备较多的优势；Sorrel 和 Sijm[①] 提出我们在进行组合设计的时候需要谨慎小心；Either 和 Pethig[②] 则是分析了欧盟 ETS 和不参加 ETS 而实行碳税的部门关于减排协调的问题。国外学者对于交易和碳税的研究，不仅仅局限于替代性研究，对两者在低碳减排方面的补充性也进行了一系列研究，为我国环境政策工具制定提供了理论指导。

　　国内学者对于此方面的问题也进行了一些分析。许光[③]认为，我们需要结合碳交易和碳税来控制目前逐渐恶劣的环境问题；朱苏荣[④]在其研究中则是先对两者的国际方面进行了分析，总结目前的国际经验，然后建议在运用的过程中需要将两者的优势进行结合；通过对中国能源、经济和环境动态 CGE 模型的分析，对于分散行业可以通过碳税规制的方法进行，对于集中行业需要通过碳交易的方式来控制，也可以将两者进行一定的结合[⑤⑥]；王慧、曹明德[⑦]则认为碳税更适合中国目前的大环境；赵骏、吕成龙[⑧]通过分析碳税和碳交易的利弊，认为中国目前的国情决定中国更适合采用碳交易。

　　国内对于减排的研究比国外的起步晚，并且目前的研究比较浅显，缺乏一定的深度，多是从碳排放和碳税的起源、机理、国际竞争力、社会影响等方面进行分析，缺少对两者组合的契合度、可行性和兼容性的研究。

---

　　① Sorrell S,Sijm J. Carbon Trading in the Policy Mix [J]. *Oxford Review of Economic Policy*,2003,(2):420—437.

　　② Eichner T,Pethig R. Efficient CO$_2$ Emissions Control with Emissions Taxes and International Emissions Trading [J]. *European Economic Review*,2009,53(6):625—635.

　　③ 许光. 碳税与碳交易在中国环境规制中的比较及运用[J]. 北方经济,2011,(3):3—4.

　　④ 朱苏荣. 碳税与碳交易的国际经验和比较分析[J]. 金融发展评论,2012,(12):71—75.

　　⑤ 石敏俊,袁永娜,周晟吕,等. 碳减排政策:碳税、碳交易还是二者兼之? [J]. 管理科学学报,2013,16(9):9—17.

　　⑥ 杨晓妹. 应对气候变化:碳税与碳排放权交易的比较分析[J]. 青海社会科学,2010,(6):36—39.

　　⑦ 王慧,曹明德. 气候变化的应对:排污权交易抑或碳税[J]. 法学论坛,2011,26(1):110—114.

　　⑧ 赵骏,吕成龙. 气候变化治理技术方案之中国路径[J]. 现代法学,2013,35(3):95—104.

Aldy 和 Pizer[1] 依据经济模型认为经济部门的变化可能受气候的微弱变化的影响，并且如果多个政策同时调整，则结果并不一定达到理想程度。Fischer 和 Preonas[2] 则认为，如果多种政策同时运行，那么碳交易市场对于边际减排成本的反应将不一定准确。

综上所述，对于实际生活中出现的碳交易和碳税不足的情况，我们需要运用不同的理论和运行机制来达到低碳减排的目的。总量控制和交易的基本逻辑就是通过总量的减排目标约束，将配额分配给各参与主体，然后通过合理的交易规则和方式构建起市场，同时在交易的全过程中做好监管和违约惩处。

二、配额分配的选择

相较于行政命令手段，用市场手段来解决问题受到了经济学家的广泛推崇。市场手段的理论基础来源于科斯的产权交易思想，即在零交易成本的假设下，只要产权是明晰的，通过交易就可以实现帕累托最优。[3] 零交易成本的假设是不可能实现的，但依据该思想，通过尽可能降低交易成本来进行产权交易还是有现实意义的。碳市场顺利开展的基本前提就是产权明晰，即碳配额的初始分配要明确。如何在减排的总量目标约束下兼顾效率和公平，涉及碳配额分配方法的选择问题。

当前的碳配额初始分配分为免费分配和有偿分配。免费分配又分为两种类型：历史排放量法（祖父制）和行业基准线法（基准法）。有偿分配通常被分为固定价格方式和拍卖方式，其中以拍卖方式为主，固定价格分

---

① Aldy J E, Pizer W A. Issues in Designing US Climate Change Policy[J]. *The Energy Journal*, 2009, 30(3): 179—210.

② Fischer C, Preonas L. Combining Policies for Renewable Energy: Is the Whole Less than the Sum of Its Parts [J]. *International Review of Environmental and Resource Economics*, 2010, 4(1): 51—92.

③ 叶祥松. 科斯定理与我国国有企业改革[J]. 西安石油学院学报（社会科学版），2003，(1): 21—24.

配已经很少使用。在上述两种主要分配方式中，Goulder L，Parry I[①]等学者倾向于采用拍卖方式。他们认为如果拍卖所得用于减少税收扭曲，则拍卖方式的效率要大于其他分配方式。Milliman，Prince R[②]指出历史排放量法(祖父制)很难激励企业进行绿色自净，这是因为绿色自净将降低排污权的价格，从而降低企业既得利益者所拥有的配额价值；而拍卖方式可以增加成本分配的弹性，提高企业进行污染治理技术革新的积极性。Fischer[③]认为基于产量的分配方式(基准法)既不会产生税收扭曲，又不会对新进入企业产生歧视。同时，它还可以制止某些企业利用区域排污政策不同，重新部署厂址的投机行为。但它也存在其他问题，比如，产量本身的界定问题，以及为此带来的成本和效率损失。

关于碳配额分配方式及其对控排企业成本收益影响的相关研究方面，何梦舒[④]从金融工程视角分析了我国目前的碳排放权初始分配，建议将期权引入碳排放权的初始分配中，企业可以无偿获得一定比例的配额和有偿获得碳期权。李凯杰、曲如晓[⑤]对于碳排放权初始分配的研究采用的是局部均衡分析方法，认为目前采用可升级的免费分配和拍卖相结合的混合分配方式更好。骆瑞玲[⑥]等在对我国石化行业碳排放权分配的研究中指出，在"均衡型""经济发展水平偏好型""历史排放水平偏好型"三种分配方案情景下，"历史排放水平偏好型"方案对GDP总量的影响最

①　Goulder，Lawrence H. Journal of Economic Perspectives[J]．*Winter*，2013：87—102.

②　Milliman，R. Prince. Firm incentives promote technological change pollution control[J]．*Journal Environmental Economics and Management*，1989，17(3)：247—265.

③　Fischer，C.. Rebating environmental policy revenues：Output-based allocations and tradable performance standards. RFF Discussion Paper，2001：1—22.

④　何梦舒. 我国碳排放权初始分配研究基于金融工程的视角分析[J]. 管理世界，2011(11)：53—56.

⑤　李凯杰，曲如晓. 碳排放配额初始分配的经济效应及启示[J]. 国际经济合作，2012(3)：33—36.

⑥　骆瑞玲，范体军，李淑霞，等. 我国石化行业碳排放权分配研究[J]. 中国软科学，2014，(2)：171—178.

小。陆敏、方习年[①]通过构建动态博弈模型模拟电力行业的数值,得出基于历史排放的分配方式对高排放企业有利,基于产出的配额分配方式对低排放企业有利。吴洁等[②]通过构建中国多区域能源—环境—经济的CGE模型,分析了在不同配额分配方式下碳市场对各地区宏观经济和重点减排企业的影响。范德胜[③]对于碳排放权的分析是基于祖父继承法、竞价法和产出标准法三种方法进行的,认为影响企业参与碳减排体系的因素主要有产品的需求价格弹性、碳排放权的价格供给弹性、煤的价格需求弹性等。安丽和赵国杰[④]通过仿真,分析了基于初始免费分配方式下历史排污法、更新排污法、历史产量法和更新产量法四种不同分配方法对电力企业的执行成本和净利润的影响。

绝对配额方式以及相对配额方式都是基于绝对减排及相对减排的延伸。王宣和宋德勇[⑤]就采用绝对减排及相对减排概念论述了我国如何从相对减排阶段走向绝对减排阶段。国家发改委副主任解振华[⑥]就绝对减排与经济发展之间的关系强调目前我国不应在绝对减排上操之过急。王倩[⑦]等则通过两者之间的绩效对比,论述我国在碳减排初期选择相对减排的重要性。

① 陆敏,方习年.考虑不同分配方式的碳交易市场博弈分析[J].中国管理科学,2015,(S1):807-811.

② 吴洁,夏炎,范英,等.全国碳市场与区域经济协调发展[J].中国人口·资源与环境,2015,(10):11-17.

③ 范德胜.碳排放权初始分配结构下企业的成本—收益研究[J].南京社会科学,2013,(8):24-29+7.

④ 安丽,赵国杰.电力行业二氧化碳排放指标分配方式仿真[J].西安电子科技大学学报,2008,(1):45-49.

⑤ 王萱,宋德勇.碳排放阶段划分与国际经验启示[J].中国人口·资源与环境,2013,(5):46-51.

⑥ 解振华.过早、过急、过激的绝对减排不可取[N].中国经济导报,2010-04-08(B01).

⑦ 王倩,俊赫,高小天.碳交易制度的先决问题与中国的选择[J].当代经济研究,2013(4):35-41.

三、企业绿色技术选择

　　尽管有不少学者对污染处理策略的选择问题展开过研究[1][2][3][4]，考虑碳排放约束，但从产品设计和生产角度研究绿色制造策略的选择却不多见。与本项目比较相关的一类研究是再制造策略的选择问题，例如，Jiang 等[5]提出从质量、成本、时间、服务、资源消耗、环境影响六个方面对再制造策略进行评价，基于 AHP 法设计了多准则决策模型，用于再制造策略的选择；Debo 等[6]认为消费者对于再制造产品的购买偏好是其价格和再制造水平(再制造产品中回收部件使用的比例是 0 至 1 之间的连续变量)之间的线性递减函数，研究了如何确定产品的再制造水平和价格，以最大化企业利润，结果表明，低端消费者的市场驱动因素最终导致产品再制造有利可图；朱慧斌等[7]将再制造技术分为高碳技术和低碳技术，假定再制造产品面临随机的市场需求，构建了碳排放税机制下的非线性整数规划模型。仿真实验分析表明，合理的税收水平能有效促进企业采用

　　① 彭玉兰. 庇古税制的有效性及废弃物处理技术选择[J]. 中国软科学,2011,(1):154－162.

　　② 李赤林,陈优金. 城市水污染处理的排污权交易策略及定价机理研究[J]. 科技管理研究,2005,(6):88－89＋93.

　　③ Tola V,Pettinau A. Power generation plants with carbon capture and storage:a techno-economic comparison between coal combustion and gasification technologies[J]. *Applied Energy*,2014,113:1461－1474.

　　④ Palma V,Castaldo F,Ciambelli P, et al. CeO2-supported Pt/Ni catalyst for the renewable and clean H2 production via ethanol steam reforming[J]. *Applied Catalysis B:Environmental*,2014,145:73－84.

　　⑤ Jiang Y,Klabjany D. Optionmal emissions reduction investment under green house gas emissions regulations[Z]. Evanston:Northwestern University,2012.

　　⑥ Laurens G. Debo. , L. Beril Toktay, Luk N. Van Wassenove. Market Segmentation and Product Technology Selection for Remanufacturable Products[J]. *Management Science*,2005(8):1193－1205.

　　⑦ 朱慧赟,常香云,范体军,等. 碳排放税机制下企业再制造技术选择决策研究[J]. 科技进步与对策,2013,(20):80－84.

先进低碳技术。Su 等①研究了两种不同绿色制造策略的选择对绿色产品市场结构的影响。假定市场需求为常数,开发出非线性规划模型,确定产品的最优价格和质量,以最大化企业利润,数值实验得出采用先进技术增加产品绿色性能优于传统的大规模生产。Drake 等②针对碳权交易和碳税两种减排政策,假定市场需求随机波动,以企业利润最大化为目标构建了两阶段随机规划模型,解决企业的绿色制造策略选择和生产能力投资决策问题。研究结论认为碳权交易比碳税更能激励企业选择绿色制造策略。Krass 等③建立了政府和企业的博弈模型,政府以社会福利最大化为目标,企业以利润最大化为目标,假定产品需求是价格的线性递减函数,研究了企业在碳税和补贴等不同政府政策下的绿色制造策略选择、产量和产品定价决策,结果表明并非越严苛的政府政策就越能导致企业实施绿色制造。

关于环境规制方面的研究,张倩、曲世友④是通过对排污权的研究分析的,研究的是环境规制与企业绿色技术的采纳程度之间的关系。企业绿色技术的采纳程度与环境规制政策强度呈现倒 U 型关系,若考虑企业的异质性和政府政策的调整因素,则会呈现更为复杂的倒 W 型非单调关系,甚至是锯齿形关系。

关于配额分配方式的相关研究,令狐大智、叶飞⑤研究发现,当行业中的企业存在单位产品碳排放水平差异时,对于低碳减排企业的碳分配

① Lee S Y. The effects of green supply chain management on the supplier's performance through social capital accumulation[J]. *Supply Chain Management:An International Journal*,2015,20(1):42—55.

② Tester J W,Drake E M,Driscoll M J,et al. *Sustainable energy:Choosing among options*[M]. MIT press,2012.

③ Krass D,Nedorezov T,Ovchinnikov A. Environmental taxes and the choice of green technology[J]. *Production and Operations Management*,2013,22(5):1035—1055.

④ 张倩,曲世友. 环境规制强度与企业绿色技术采纳程度关系研究[J]. 科技管理研究,2014,(5):30—34.

⑤ 令狐大智,叶飞. 基于历史排放参照的碳配额分配机制研究[J]. 中国管理科学,2015,23(6):65—72.

额度应该适当放宽,从而激励企业进行低碳减排。除此之外,对采用"共同但有区别"责任原则的低碳减排企业来说,阶段式递进减排机制对于企业低碳技术的改造具有激励作用。严明慧、周洪涛、曾伟①指出,企业减排技术的提高会增加其配额盈余,促进其利润提高。当环境污染程度增强时,政府为了改善环境,会通过碳配额的调整提高碳价,从而使企业自觉减少碳排量。此外,通过调整碳配额的方式,还可以避免减排技术高的企业蓄意提高碳价。

关于绿色技术选择的相关研究,马常松、陈旭等②指出碳限额和碳税政策的最优产量和最大期望利润都不可能大于最优情形下的产量和期望利润,该利润的大小取决于政府的初始碳配额量;同时为了有效应对政府的约束和管制行为,企业绿色技术投入行为能够在一定程度上增加产品产出,提升企业的期望利润。黄帝、陈剑、周泓③通过研究发现市场上的碳排放权充足时,企业的碳排放水平不会受碳配额分配改变的影响;对企业的碳排放整体水平影响最大的因素是碳排放价格,如果碳排放的价格比较高,企业的碳排放分配额即使足够,则也会提高低碳减排的投资规模以获取更多的减排收益。骆瑞玲、范体军、夏海洋④对于碳减排的研究是通过供应链,构建了三种博弈模型来探讨消费者碳足迹敏感系数、碳限额及碳减排成本系数对供应链上成员的最优决策及减排效果。并且研究表明,当碳交易的价格与碳限额之间呈线性关系时,供应链和企业的利润与碳限额之间的关系不是线性的。为了使企业尽可能低碳减排,政府需要制定合理的碳限额;如果消费者的消费意愿与碳足迹有很强的关系,那么企业一般会选择增加碳减排的投资规模来获得足够的利润,同时可以起

---

①　严明慧,周洪涛,曾伟. 基于二阶段博弈的碳排放权分配机制研究[J]. 价值工程,2014,(2):3—6.

②　马常松,陈旭,罗振宇,等. 随机需求下考虑低碳政策规制的企业生产策略[J]. 控制与决策,2015,(6):969—976.

③　黄帝,陈剑,周泓. 配额—交易机制下动态批量生产和减排投资策略研究[J]. 中国管理科学,2016,(4):129—137.

④　骆瑞玲,范体军,夏海洋. 碳排放交易政策下供应链碳减排技术投资的博弈分析[J]. 中国管理科学,2014,(11):44—53.

到保护环境的作用。

综上所述,当前的研究重点聚集在环境规制与企业采用绿色技术的关系、配额分配策略对企业是否采用绿色技术的激励和绿色技术投入对企业利润的影响这几个方面,但对绝对和相对配额分配方式下企业采用绿色技术与否对其产品定价和利润以及对政府规制的反馈方面的研究尚有欠缺。本书将通过构建不同配额分配方式下采用绿色技术与否的企业收益模型,分析论证以上问题。

四、双寡头垄断型企业博弈

夏良杰、赵道政、李友乐[①]则是通过建立政府与企业间的三阶段博弈和数值模拟对制造商的减排研发和碳配额分配进行分析的,发现在经济不发达的国家或地区,政府想要保护环境,让制造商进行低碳减排,就需要给企业足够的研发成本,与企业合作进行研发,在一些发达的国家或地区鼓励充分参与竞争。

蒋晶晶提出了有限理性重复博弈理论,在深圳各行业的碳配额分配方面进行了一些新的探索,着重研究企业所在行业碳强度与行业属性的关系、企业碳强度与规模的关系、企业内生技术进步与碳强度的关系,尝试解释深圳在配额方式上的创新。

由于环境因素和低碳发展问题日益突出,有学者在经典生产、库存模型的基础上引入碳排放约束,研究不同排放控制策略(如强制减排、碳税、碳权交易等)对生产、库存决策的影响。[②③④] 然而,上述研究并未考虑企业的主动减排行为。鉴于此,有文献将企业绿色自净与生产、库存决策相

---

① 夏良杰,赵道致,李友东. 基于转移支付契约的供应商与制造商联合减排[J]. 系统工程,2013,(8):39—46.

② 檀勤良,魏咏梅,何大义. 行政管理减排机制对企业生产策略的影响研究[J]. 中国软科学,2012,(4):153—159.

③ 杨亚琴,邱菀华,何大义. 强制减排机制下政府与企业之间的博弈分析[J]. 系统工程,2012,(2):110—114.

④ Hua G,Cheng T and Wang S (2011). Managing carbon footprints in inventory management[J]. *International Journal of Production Economics*,132 (2):178—185.

结合①②③,例如,杜少甫等④研究了排放依赖型企业的生产优化问题,假定生产商可通过政府配额、市场交易和净化处理三种渠道获得排放许可,考虑产品市场需求的不确定性,建立了非线性规划模型,在单周期和线性条件下得到了企业的最优产量和净化水平决策。尽管绿色自净决策被纳入模型,但上述研究大多将绿色制造当作连续变量,如净化水平、减排量是减排成本的一次或二次连续函数。正如 Krass 等⑤指出的那样,企业实际运作很难就某减排量做出决策、实施,更可行的是对特定减排策略(如替换原材料或改进工艺过程)做出选择。另外,上述模型一般将市场需求当作外生变量,忽略了产品绿色改进对需求的反馈效用。正如 Nouira 等⑥和陈剑⑦指出,如何在考虑碳排放约束的运作模型中引入并分析消费者绿色购买行为的影响,是当前的一个研究热点和学术前沿。为此,有学者在生产、库存和定价联合决策模型中考虑产品性能差异对市场需求的

① 何大义,马洪云. 碳排放约束下企业生产与存储策略研究[J]. 资源与产业,2011,(2):63—68.

② 赵令锐,张骥骧. 考虑碳排放权交易的双寡头有限理性博弈分析[J]. 复杂系统与复杂性科学,2013,(3):12—19.

③ Wang L,He J,Wub D and Zeng Y-R (2012b). A novel differential evolution algorithm for joint replenishment problem under interdependence and its application[J]. *International Journal of Production Economics*,135 (1):190—198.

④ 杜少甫,董骏峰,梁樑,等. 考虑排放许可与交易的生产优化[J]. 中国管理科学,2009,(3):81—86.

⑤ Krass D,Nedorezov T,Ovchinnikov A. Environmental taxes and the choice of green technology[J]. *Production and Operations Management*,2013,22(5):1035—1055.

⑥ Nouira,I. ,Frein,Y. ,Hadj-Alouanec,A. ,2014. Optimization of manufacturing systems under environmental considerations for a greenness-dependent demand[J]. *Int. J. Prod. Econ.* 150,188—198.

⑦ 陈剑. 低碳供应链管理研究[J]. 系统管理学报,2012,(6):721—728+735.

影响,比较典型的有替代产品定价①②③和再制造产品定价④⑤⑥研究。上述"生产—定价"模型一般假定差异产品(如替代产品和原始产品、再制造产品和全新产品)的生产成本是不同的常数。本书所研究问题的区别在于,在排放控制条件下企业不仅需要考虑碳排放约束,而且涉及不同绿色制造策略的选择决策,此时生产成本不再是常数,反而成了影响企业决策的重要变量之一(如不同绿色制造策略带来不同的制造成本和产品碳排放,产品碳排放通过产量影响企业总排放,制造成本的改变则影响产品定价,而产品定价又导致需求变化进而影响企业的生产计划),致使绿色制造策略、生产和定价决策之间产生复杂的交互关系。与本书比较接近的是 Nouira 的研究,他们考虑原始产品和绿色产品两个细分市场,产品需求和价格均是产品绿色性能的线性递增函数,在环境规制条件下,对生产计划和制造过程(改进产品绿色性能)进行优化。然而 Nouira 等的模型忽略了产品价格和需求之间的联动关系,即企业可以通过定价影响不同细分市场的产品需求进而获取更高收益。另外,他们的模型也未考虑实施绿色制造的长期性(多周期问题)以及绿色制造对企业减排和市场需求的不同影响。而有关实证研究表明,尽管政府衡量的是企业运作过程中产生的碳排放,但消费者目前却对产品使用过程的排放(如能耗)和环保(如污染)更加敏感,因此有必要从企业减排和消费者绿色购买行为两个

---

① 李宇雨,但斌,黄波. 顾客驱动需求替代下 ATO 制造商定价和补货策略[J]. 系统工程学报,2011,(6):817—824.

② 毕功兵,王怡璇,丁晶晶. 存在替代品情况下考虑消费者策略行为的动态定价[J]. 系统工程学报,2013,(1):47—54.

③ Benjaafar,S. ,Li,Y. ,Daskin,M. ,2010. Carbon footprint and the management of supply chains:insights from simple models[J]. *IEEE Trans. Autom. Sci. Eng*. 10 (1),99—116.

④ 郭军华,杨丽,李帮义,等. 不确定需求下的再制造产品联合定价决策[J]. 系统工程理论与实践,2013,(8):1949—1955.

⑤ 徐峰,盛昭瀚,陈国华. 基于异质性消费群体的再制造产品的定价策略研究[J]. 中国管理科学,2008,(6):130—136.

⑥ Xiang S,He Y,Zhang Z,et al. Microporous metal-organic framework with potential for carbon dioxide capture at ambient conditions[J]. *Nature Communications*,2012,3:954.

不同的方面衡量绿色制造的实施效果。[①]

第二节　碳排放权交易机制理论基础

一、新制度经济学

新制度经济学对于温室气体(CO_2)的排放问题,从传统的福利经济学的角度提出两种解决方法:第一种解决方法是通过征税的方法,即向温室气体(CO_2)的排放者征税,来控制污染气体的排放;第二种解决方法则是制定新的环境标准的管理办法来控制污染气体的排放。其中,两种方法在实际使用过程中均有一定的局限性,第一种方法因为征税会对商品的价格产生一定的影响,通过影响商品的供应和需求来干扰经济的发展;第二种方法在实际使用过程中优于第一种方法,但是在理论上难以实现最优。虽然新制度经济学对于温室气体(CO_2)的排放问题没有给出最好的解决方法,但是为后来如何解决温室气体(CO_2)的排放提供了思路。

(一)产权理论与科斯定理

对于产权的定义,不同的学者给出了不同的定义,其中著名的经济学家阿尔钦给出的定义是[②]:"产权是一种通过社会强制实现的对某种经济物品的多种用途进行选择的权利。"虽然经济学家们对产权的定义有所不同,但是他们对产权的统一定义是人与人之间的行为的解读而非人与物之间的关系。同时,他们认为产权之所以存在,是因为物的具体存在以及物的价值。因为产权本质是财产所有权的简称,所有产权均具有财产所有权的共有特征:占有、使用、收益和处分。此外,也可以认为产权是一种特殊的拥有,这种拥有要以具体的约束条件作为前提,例如,我们可以拥

---

①　白光林,万晨阳. 城市居民绿色消费现状及影响因素调查[J]. 消费经济,2012,(2):92−94+57.

②　杨珺,卢巍. 低碳政策下多容量等级选址与配送问题研究[J]. 中国管理科学,2014,22(4):51−60.

有汽车但前提是不能违反交通规则。

　　产权的存在前提和基础是某一具体特定的客体,若没有唯一特定的客体,那么产权也将不复存在。同时,产权是主体对客体(包括不同主体基于特定的客体)的权利,即各种各样发生于主体与客体之间的经济关系。此外,如果仅从权利自身所包含的内容来看,产权的具体内容包含以下两个方面:第一,产权属于特定的主体对特定的客体或者其他主体的权能;第二,该主体通过对该特定客体和主体采取行为可以获得什么样的收益。根据产权的排他性,产权可以分为三类[①]:第一类是私有产权,即个人完全拥有对经济物品进行选择的排他性权利;第二类是共有产权,是指共同体以内的成员享有的权利相同,但共同体外的成员无权利;第三类是国有产权,是指国家层面上决定的某些权利谁可以拥有,只要国家决定了,就排除了其余人使用权利的可能性。其中,产权产生的本质原因是某种商品的稀缺。因此,人们希望可以通过交易来获得对自己有利的收益,同时,人们在市场交易过程中往往会通过资产的有效配置来应对产权的不确定性。

　　科斯定理[②]是罗纳德·科斯提出的一种观点,该观点的核心内容是只要财产权是明确的,并且交易成本为零或者很小,那么财产权期初给予谁就不是那么重要,因为整个市场进行均衡的最终结果都是有效率的,即可以实现资源配置的帕累托最优。科斯定理最核心的是找到了交易费用和产权安排之间的关系,并且分析了交易费用对制度安排是如何影响的,为产权安排的决策提供了有效的方法。对于科斯定理最著名的是科斯三定理:第一定理是当没有交易费用存在的时候,产权初始是怎样安排的并不重要,当事人的谈判都会使财富最大化,即市场机制自动达到帕累托最优;第二定理则是当交易费用为正的时候,资源的配置效率会受到产权界定的影响;第三定理主要是指出了资源配置的效率会受到产权界定的差异影响。

---

①　刘婧.基于强度减排的我国碳交易市场机制研究[D].复旦大学,2010.

②　任力.国外发展低碳经济的政策及启示[J].发展研究,2009(2):23－27.

现在学术界开始将产权理论和科斯定理用于解决污染气体排放的问题,也为排污权交易的实施提供了一定的理论基础。在污染气体排放方面,政府先提前规定将要达到的环境目标,在政府约定的环境目标下向各个污染源分配排放许可(界定产权的过程),准许各个排污许可证持有者相互购买或出售许可(产权转移、市场机制作用),促进环境容量资源(排放权或排放许可)实现合理配置。

(二)交易费用理论

交易费用理论是现代产权理论的基础,也是新制度经济学的核心。交易费用是从交易的研究得来的。对于交易的研究,不同的学者出发点不同,康芒斯是从社会角度出发对所有权转让进行研究;科斯是从资源配置效率角度对所有权转让进行研究;威廉姆森则是从交易的思维角度对交易的进一步细化和一般化进行研究。对于交易费用的定义,不同学者也给出了不同的定义,科斯认为交易费用是利用价格机制的成本;威廉姆森认为交易费用是契约运行成本;阿罗、张五常等认为交易费用是经济制度的运行成本。其中,受限制下的理性思考、资产专有性和机会主义是交易费用能够存在所必需的三要素。[①] 通常情况下,交易费用分为三种类型:市场型、管理型和政治型。交易费用主要包括以下几点结论[②]:(1)交易的主体除市场之外还可以是企业;(2)企业进行交易产生的费用低于市场进行交易时产生的费用;(3)企业的存在是由市场交易费用的存在决定的;(4)用企业交易代替市场交易时会产生额外的管理费用;(5)现代交易费用理论认为,交易费用的存在及企业节省交易费用的努力是目前资本主义企业结构进行演变的唯一动力。

由于交易信息成本、交易洽谈(议价与决策)成本、监督与执行成本在排污权交易中存在,交易成本仍可能很高,从而阻碍交易的产生。因此,在排污权交易机制的建立和运行过程中,我们需要对市场信息进行充分

---

① 王留之,宋阳. 略论我国碳交易的现状与金融创新研究[J]. 现代财经,2009(10):30—34.

② 何潇潇. 欧盟碳排放权分配体系的探讨及借鉴意义[J]. 金融观察,2013,9:32—37.

利用,以减少交易成本,促进市场的健康发展。

二、环境经济学

(一)环境容量与环境空间特征

环境容量具体指的是环境的承受限度。在最大承受限度内,环境能自我修复排放物对其自身的损害,维持正常的生态状况,不对生物的生存与活动造成危害。环境容量是环境功能和生态功能的统一,能够容纳排放物,维持生态平衡。

(二)环境容量资源的稀缺性

当外界排放物的总量超过环境的最大承受限度时,生态环境会发生恶化,从而造成环境污染,危害生物的正常生活,这就是环境对污染物容纳能力的有限性,也是环境容量资源稀缺性的具体体现。随着人口不断增长、化石燃料大量使用,温室气体排放量逐年增加,使环境容量资源的稀缺性日益凸显。

(三)环境容量资源的外部性

环境容量是公共物品,在其配置过程中必然存在外部性。目前,没有具体的法律法规对环境容量资源的使用进行限制。企业为了自身利益都会竞相对环境资源进行使用,导致排放物超出环境的承受能力,带来一系列的环境问题。环境容量资源的外部性导致市场配置失灵,而且没有相关的政策予以调整,是目前环境问题出现的根本原因。

三、低碳经济

生态危机在全球的蔓延日趋严重,人们也开始慢慢重新审视人与自然之间的存在关系,低碳经济应运而生。马克思的生态观、福利经济学、生态经济学和可持续发展经济学是目前低碳经济的四大理论渊源。

(一)马克思的生态观

马克思的生态经济思想对环境保护和生态经济的发展起着不可忽视

的作用。马克思在《资本论》《自然辩证法》等著作中对人与自然的问题进行了阐述。马克思在《资本论》第一卷中指出了人与自然之间的关系,他说"人本身是自然的产物"。由此可见,马克思认为人的生存状况与自然息息相关,如果自然恶化,则将对人类的正常生存造成威胁。

人类社会发展的动力是劳动与经济活动。马克思认为人类的发展需要人与人类社会之间的互动,更需要人与自然进行物质交换。人类通过劳动与自然进行物质交换,改造自然,使之满足人类社会的需要。人是自然的一部分,因此在人类社会的发展中要强调人与自然和谐相处的重要性。由于人类能够改造自然,使其为社会发展服务,因此人类就有可能打破平衡,破坏自然。随着科技的迅猛发展,人类改造自然的能力也与日俱增,与此同时,人类滥用自然的现象也日益严重,对自然造成了极大的污染与浪费。

马克思认为,人与自然应当和谐相处,尽量减少人类经济活动对自然的反向作用,摒弃"自然应服从于人类需求"的观点,保持人与自然的和谐关系。但是,在工业革命之后,人类的"趋利性"日益显著,对自然造成了极大的破坏,有些甚至是破坏性的。马克思预见了资本主义对自然的破坏,并指出,"不以伟大的自然规律为依据的人类计划,只会带来灾难"。他进而预言如果人类继续资本主义的生产方式,自然资源则将会消耗殆尽。

早在生态经济学出现的一百年前,马克思就给人类敲响了警钟,提醒人类重新审视与自然的关系,以免资源耗尽。

(二)外部性理论与福利经济学

1890 年,马歇尔提出外部性的概念。直到 1920 年,环境外部性才在《福利经济学》中由庇古提出。环境外部性有正外部性和负外部性之分,经济主体的正外部性是指其生产或消费使其他经济主体受益,而负外部性是其他经济主体受损。例如,某一地区实施节能减排政策,这会使其他地区受益,促进保护全球生态,这就是正的外部性。

外部性理论可以引申出公共物品理论,生态资源是一种公共物品,存在外部性问题。自然资源具有公共物品的基本特性：非竞争性和非排他性。这两个基本特性是造成自然资源过度开发的根源，著名的代表是1968年由哈丁提出的"公共地悲剧"。

1920年，庇古创立了福利经济学，其目的是从福利的观点和最大化的原则出发，利用"帕累托最优"为分析工具，使最大多数的社会人获得最大限度的福利。这一理论强调的是市场的作用，通过市场实现资源的优化配置。

(三)生态经济学

生态经济学是由经济学和生态学支撑起来的交叉学科，其目的是通过建立一个经济模型研究不同时期和地域的人类发展和自然之间的相互作用。生态学的概念最早出现于1866年，是由德国动物学家恩斯特·海克尔在《一门科学——生态经济学》中提出的。[①] 之后，赫尔曼·戴利对生态经济学的概念进行了完善，提出了稳定经济的观点，强调生态环境问题在人类社会发展中的地位。同时，生态经济学强调"因地制宜"——不同国家、不同地区要针对各种不同的环境问题采取不同的生态经济措施。生态经济学还强调战略性，最终目的是达到长期的生态平衡。总之，生态经济学是生态学与经济学的有机结合，是探索生态与经济之间的平衡，实现经济的可持续发展。

(四)可持续发展经济学

1987年，世界环境与发展委员会在《我们共同的未来》研究报告中第一次提出了可持续发展的设想。同一时期，由库克在"新马尔萨斯信仰"中总结的智慧经济逐渐受到人们的重视，库克也被称为一位完整描述智慧经济蓝图的经济学家。

20世纪80年代初，可持续发展理论主要利用"系统"的框架来研究经济活动与生态系统之间的相互关系。把经济作为生态系统的一个子系统，经济发展如果对生态系统造成过度的消耗，则将会使生态系统逐步退

---

① 王文叶.论马克思生态理论的历史演进与现实价值[D].中国石油大学,2011.

化。随着对问题的深入探讨，可持续发展也得到越来越广泛的认识。寻找科学与可持续性之间的平衡、维持自然环境的长期稳定是实现可持续发展的关键问题。

可持续发展不等于零发展，它的核心仍然是发展。[①] 可持续发展与以往发展方式最大的不同之处在于其更加注重经济增长的模式。可持续发展的最终目的是实现经济从粗放式增长模式到集约型增长模式的转变。

对"低碳经济"最早进行记录的是 2003 年英国政府的能源白皮书中的低能耗、低污染、低排放的生态文明经济模式。[②] 到目前为止，低碳经济已经成为西方发达国家经济发展的主要战略选择，而我国的低碳经济才刚起步，未来我国发展低碳经济的道路必定会是一个曲折的过程。

四、碳排放交易机制机理

(一)碳排放交易机制体系

1. 第一阶段：排放总量控制

总量是指在一定的区域内(如行政区域、行业区域等)所有的排放源所排放的碳总量，而排放总量控制则是指一个区域内所允许排放的碳总量，是控制区域的大气环境质量目标。这一控制区域内的碳排放总量可以通过采取一定的措施控制在一定的范围内。控制目标的确定目前还没有公认的方法，通常是在确定时点的排放量的基础上逐年削减从而获得某一地区的排放总量。

2. 第二阶段：排放权分配

为了充分实施总量分配，相关部门需要按照规则将总量分成排放权单位，然后将其分配到排放源企业，使各企业获得所允许的碳排放量，其中，排放权以排放许可证的形式存在。碳排放权分配是环境容量资源的

---

① 赵建军. 可持续发展理论与实践的两难抉择及未来路径[J]. 科学技术与辩证法,2002,(3):4—7.

② 胡瑜杰. 甘肃省发展低碳经济若干思考[J]. 黑河学院学报,2013,(3):34—38.

初始分配——形成由政府主导的一级市场。由此可见,排放权分配还未能充分实现资源的优化配置。

碳排放权的初始分配包括从100%免费分配到100%拍卖所有等多种方式,每种方式下又分出多种子方式。在新机制的推行阶段,免费分配较为适用,面临的阻力小,而且可以增加主体应对成本增加的能力,减缓经济冲击。但是,免费分配也存在着市场流动性差、有可能加剧分配不均、减缓低碳经济发展进程等缺点。免费分配的种种弊端致使拍卖在理论界更受欢迎,同时采用拍卖的方式能够根据实际灵活地调整限额。

免费分配和固定出售都要遵循祖父制原则和基准线原则这两种主要的分配原则。祖父制原则主要利用历史排放量计算,而基准线原则需要管理者制定基准排放率。

3. 第三阶段:排放权交易

第二阶段只是进行了环境容量资源的初步配置。为了实现资源的最优配置,需要合法合理地进行排放权交易,形成二级市场,在这一阶段,碳排放权具有商品的属性,可以自由买卖,引入市场机制可促进环境容量资源的充分合理利用。

碳排放权交易过程中存在存储和借贷现象。存储是指允许排放主体将本承诺期多余的排放量留到下一时期使用。配额存储有利于维持机制的稳定,但也有可能出现惜售现象,影响交易量。借贷在目前的碳排放交易机制中不被允许。在碳排放交易机制的试运行阶段不适合存在存储,进入正式运营阶段后,可以通过存储维持机制的稳定。每年排放主体需要将其一整年的碳排放量与其排放权进行结算并注销,超过的部分需要重新购买排放权,否则要接受惩罚。

碳排放权通过交易在不同的账户之间进行转移,因此各企业可以根据自身的实际情况选择适量的碳排放权。减排技术强的企业可以卖出多余的碳排放权,减排成本高的企业可以买入一定的排放权,交易双方实现双赢的前提下控制温室气体的排放量,从而实现全球碳排放总量最低的目标。

(二)碳排放交易机制演变

碳排放交易的确立是一个非常复杂的过程。1997年,通过制定《京都议定书》,开启了碳排放交易的大门,同时也为全球的碳排放交易机制制定了基本框架。《京都议定书》提出了三大碳排放交易机制[①]:联合履约机制(JI)、清洁发展机制(CDM)、国际碳排放交易机制(IET)。

1. 联合履约机制(JI)

《京都议定书》的附件一中提出了联合履约机制,但是这种机制仅在发达国家之间进行,具体内容为:联合履约机制中的国家可互相在对方的领土上建设减排项目,一方实现的减排量在扣减相应的协商确定的排放定额后可以向对方国家转让,从而达到《京都议定书》中规定的碳排放要求,参与方亦可授权其他法人联合履约。

2. 清洁发展机制(CDM)

爱德华·B. 巴比尔(Edward B. Barbier)在《低碳革命》中将清洁发展机制定义为一种双边机制,发达经济实体通过向发展中经济转让清洁能源技术获取排放权。清洁发展机制与联合履约机制最大的不同点是:清洁发展机制是以发展中国家为东道国形式的发达国家与发展中国家之间的合作。

清洁发展机制是一种双赢机制,既能给发展中国家提供资金和技术,改善环境,又能使发达国家不需要为减少碳排放付出高昂的费用。CDM使发达国家和发展中国家优势互补,促进碳排放机制健全。

3. 国际碳排放交易机制(IET)

国际碳排放交易机制是《京都议定书》中规定的第三种碳排放机制,它使二氧化碳成为一种商品,同时碳排放权是各国共同拥有的稀缺资源。国际碳排放交易机制成立的前提是减排效果的可替代性,即两个不同国家排放相同的二氧化碳具有相同的影响。目前,国际碳排放交易机制的主要内容如下:未完成减排任务的国家可以向超额完成减排任务的国家

---

① 于天飞. 碳排放交易的市场研究[D]. 南京林业大学,2007.

购买减排指标,经扣减后得到转让额度。

4. 国际碳排放交易基本流程

国际碳排放交易主要分为三步①,可以用图 2—1 具体表示:

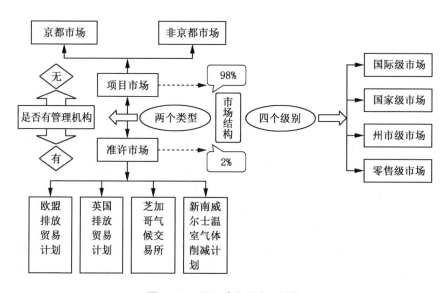

图 2—1　国际碳交易市场结构

(三)碳排放交易市场

碳排放交易市场是一种以碳排放权为产品的新型商品市场。在确定了碳排放的总量之后,碳排放权的价格是由碳排放交易市场的自由交易确定的。碳排放交易市场的实质是买卖双方的经济联系。

1. 交易主体

交易主体的实质是碳交易市场中实施交易行为的当事人,根据《京都议定书》要求,只有附件一规定的合同缔约方或者其授权的法人才能成为交易主体。

2. 交易客体

碳排放交易过程针对的对象,即排放权信用额度,被称作碳交易客

①　徐永前. 碳金融的法律再造[J]. 中国社会科学,2012:95—113.

体,具体实践中指的是京都交易单位。

3. 市场结构

碳排放交易市场结构按照交易对象可划分为基于配额的交易市场和基于项目的交易市场。

基于配额的交易市场是以历史数据为依据,通过直接分配或者拍卖的方式有偿或者无偿地给各个企业分配配额。这种市场结构存在不能完全、准确地反映企业现实情况的问题,因此通常需要一个二级市场来提高分配的准确性。

基于项目的交易有两种市场类型:一种是基于《京都议定书》之外规划的交易,另一种是基于《京都议定书》下相关规划的交易集合。联合履约机制和清洁发展机制采用的就是基于项目的交易市场。

(四)碳排放交易价格

碳排放权的稀缺性使温室气体成为一种商品,同时也就存在交易价格。碳价格是碳排放交易市场中的关键因素,碳价格机制也是碳市场的重要机制。碳价格的决定因素主要有以下几类[①]:

1. 减排的边际成本

影响减排边际成本的主要因素是减排技术:如果减排技术水平不变,减排履约的成本则随着设定的减排目标的提高而提高,此时碳价格处于上游水平,价格曲线向左移动;如果减排技术水平提高,履约成本降低进而引起碳价格降低,则价格曲线向右移动。

需要注意的一点是,能源市场的价格比如电力、石油、煤炭等价格对减排的边际成本会造成很大的影响。

2. 供求关系变化

碳排放权作为一种商品,它的价格还受到供求关系的影响:在其他条件一定的情况下,价格与需求之间成反比,价格随着需求的增加而增加,

---

① 胡荣,徐岭. 浅析美国碳排放权制度及其交易体系[J]. 内蒙古大学学报(人文社会科学版),2010(3):17—21.

随着供给的增加而降低。

需要注意的是,由于各国政府不断调高减排目标,对供求关系产生影响,使碳价格呈现持续上涨的趋势。

3. 政府管制理论

由于碳排放权的稀缺性,政府管制在碳价格机制中产生的影响大于市场。例如,欧盟碳排放交易体系第一阶段派发的配额比实际排放量多了 4%,致使碳价格持续降低;第二阶段将配额比降低,使碳价格持续上涨。可以看出,碳价格受"看不见的手"的影响更大。

(五)碳排放交易机制的作用与局限

1. 碳排放交易机制对环境容量资源的显著作用

(1)有效配置总量控制目标

通过政府主导的一级市场将总量目标在企业之间进行再配置,引入市场机制,不仅实现了各企业的排放权的有效配置,而且实现了总量控制目标。

(2)降低全社会的减排成本

引入市场机制,使排放权具有商品属性,可以在各企业之间流通,企业能够各取所需,进而降低全社会的减排成本。

(3)激励企业升级减排技术

如果不明确碳排放权的使用产权,企业则可以免费使用环境容量资源,使其丧失减排的动力。当存在碳排放权交易机制时,企业需要对其超出排放权的碳排放量承担代价,这使其积极升级自身的减排技术,降低碳排放量。

2. 碳排放权交易机制的局限

(1)初始排放权分配困难

初始排放权的合理分配是碳排放权交易机制合理运行的基础,但是初始分配存在困难:若采取免费分配,则很容易产生分配不均,降低企业减排的积极性;若采用拍卖的方式分配,则易引起企业的反对,降低国际竞争力。

（2）出现人为垄断排放权问题

若政府严格控制环境容量资源，则必将导致碳排放权的价格持续上升，使其存在稀缺性，投机家会趁机炒卖，进而出现人为垄断排放权的问题。

（3）产生额外的交易费用

碳排放权在企业之间流通，企业在买进卖出排放权时需要考虑交易风险，获得风险信息通常需要花费大量的资金，产生额外的交易费用。

第三节　碳排放权分配制度的理论基础

一、碳排放权分配的伦理学基础

（一）没有污染的世界是不存在的

包括碳排放权交易在内的经济激励手段的产生不断受到非人类中心环境伦理学家的质疑。极端环保主义者认为，碳排放权交易是以经济利益为中心，人类出于私心无法对环境容量资源进行合理的分析和评估；碳排放权不能当成一种商品，它是人类生存必需的一种权利。维持生存的必需品不应当由市场来配置，而应当被所有人公平地使用。总之，他们认为用金钱来衡量碳排放权是不道德的。

碳排放权交易机制的赞同者认为，"清洁"的界限是很难划分的，环境的组成十分复杂，而且工作对环境污染的感知和承受能力也千差万别，因此没有污染的环境是很难描述的。基于这一情况，人们需要通过相关的规则将环境容量资源进行合理量化分析并进行配置，以提高利用效率。

（二）碳排放权是在为污染的行为划定边界

没有止境的碳排放最终的结果是侵犯人权，因此必须采取合理的手段加以控制。1994年，"安全、健康、生态健全的环境"作为一种普遍人权被《人权与环境原则宣言草案》首次提出。如何在使用自然资源的同时有效地保护环境是人类社会发展的关键性问题。在发展的过程中我们需要解决这些问题：现有的资源如何在所有用户之间进行合理的分配？怎样才算达到资源配置最优？针对资源配置过程中出现的问题应当制定怎样的公共政策加以治理？针对这些问题，可以通过碳排放权交易的经济学方法进行处理。首先，利用价格机制将环境容量这一资源在碳排放主体之间进行分配；其次，为保障社会公平，需要保持多样的分配方式以及多元化的分配对象；最后，正视市场机制的缺陷，接受政府这一"看不见的手"的监督。碳排放交易机制通过以上措施推动社会的可持续发展。

碳排放权产生的前提是人类必须遵守一定的义务，因此它是一种存在边界的权利。提出碳排放权的目的是合法地约束当事人的碳排放行为，而不是使其拥有肆意排放温室气体的权利。碳排放权是法律赋予当事人的一种民事权利，本质是想确定当事人行使该利益的范围。碳排放现象在发展的过程中是无法避免的，漠视碳排放现象只能恶化生态环境。最佳的碳排放控制方法就是对排放主体的行为加以限制。因此，设定碳排放权不仅是为了将排放行为合法化，而且是为了明确界定碳排放当事人的行为，促进社会的可持续发展。

(三)碳排放权应当被公平分配

环境具有公共物品性，保护环境应当是全人类的责任。在历史的进程中，发达国家利用了更多的环境容量，并且这一现象还在持续进行。经济学家劳伦斯·萨默斯（Lawrence Summers）在 1992 年提出这样的观点，"我认为在工资最低的国家倾倒有毒废弃物背后的经济逻辑是无可非议的"。发达国家目前正在流行这一观点。1984 年印度的博帕尔灾难就很好地印证了这一点，博帕尔工厂的运作方式在弗吉尼亚州是不被允许的。

发达国家和发展中国家对环境资源使用的历史积累量不同。为了使其获得均等的发展机会，在碳排放机制中发达国家和发展中国家应当承担不同的责任。发达国家在历史进程中占用的环境资源多，应当承担更多的碳排放责任，其碳排放总额的限制应当更加严格；反之，发展中国家应当拥有更多的碳排放权。总之,发达国家应当比发展中国家承担更多的减排责任。

二、碳排放权分配的法学依据

(一)碳排放权分配的法理学依据

法律对碳排放当事人的行为规范具有强制性,通过制裁违法行为实现保护环境的目标。但是,传统的观点认为:碳排放权不应是人力可以控制的,不能成为法律上所有权的客体。传统民法中的"无主物的先占原则"认为排放污染物是合法的,这样会纵容破坏环境的行为。日益严重的环境问题使有的学者对传统民法进行反思,这些学者引发了有关"公法私法化"和"私法公法化"的法制变革,私法的理念和经济调控机制开始出现在环境法中。

法制变革推动了碳排放权的产生,它是公法与私法的结合,是政府和当事人共同拥有的权利。碳排放权是现代民法中"准物权"的一种典型表现。

(二)碳排放权分配的国际法依据

碳排放权是由《联合国气候变化框架公约》和《京都议定书》联合设定的。《联合国气候变化框架公约》提出了大气环境容量的概念,《京都议定书》通过确定温室气体排放权(即碳排放权)将宏观目标转化为行动。与碳排放相关的国际规范呈现一个相同的趋势:通过对缔约国设定清晰的碳排放权界限,控制温室气体的排放量。

(三)碳排放权分配的国内法依据

我国的碳排放机制处于初级阶段,碳排放交易机制正在得到初步的法律确认。国家气候变化应对小组于 1998 年成立,由其颁布的《清洁生产促进法》于 2003 年实施,我国碳交易机制开始设立。2005 年实施的《清洁发展机制项目运行管理办法》促进了 CDM 项目的执行。2009 年颁布的《中华人民共和国国民经济和社会发展第十二个五年规划纲要》建立了碳排放交易市场的目标。此外,《大气污染防治法》和《水污染防治法》对总量控制目标、排污许可证的规定也提供了法律依据。

三、碳排放初始分配的经济学依据

(一)公共物品与分配效率

由于空气的边际成本趋近于零,兼备非排他性和非竞争性,因此它是典型的公共物品。提高分配效率对实现碳交易的有效性起着举足轻重的作用。经济理论证明:实现资源最优配置的理性状态是引入完全竞争。通过拍卖、祖父法等方式分配碳排放权,引入了一定的竞争,与行政分配相比是一种占优的配置方式。

(二)“碳成本”的内部化

碳排放权的交易与分配制度实现了碳成本的内部化。在碳权交易体系中,碳排放权因为其稀缺性成为一种商品,以特定的价格在市场上交易。拥有碳排放权的当事人既可以自己使用,又可以到公开市场上交易。因此,当碳排放当事人自己使用排放权时,他就失去了将排放权换取财富的机会,即产生机会成本,我们将其定义为“碳成本”。提高碳排放权分配效率的关键是充分利用“碳成本”,将外部成本内化,以此来激励碳排放当事人不断改进减排技术,同时鼓励消费者减少对高能耗产品的需求。总之,碳排放权初始化分配的目的是激励当事人将碳排放的机会成本考虑到决策过程中,从而实现碳排放的总量目标。

第四节　产品定价理论

价格策略选择对于企业参与市场竞争和最大化其收益有着至关重要的作用。现行的定价策略主要有常用的定价方法、利润最大化的定价方法和企业策略性行为定价方法三大类。

一、常用的定价方法

目前,常用的定价方法主要有以下三类,分别是成本导向定价法、顾客导向定价法和竞争导向定价法。

(一)成本导向定价法

成本导向定价法是目前最常见的定价方法,是以固定成本加上变动成本的方式作为其定价的基础。此定价方法将产品的定价分为三步进行:第一,对单位产品的变动成本进行估计;第二,估计固定费用,通过把固定费用分摊到单位产品中,求出全部成本;第三,得出价格,在单位产品成本价格的基础上按照规定的目标利润率计算出利润额。

(二)顾客导向定价法

顾客导向定价法是根据消费者的需求情况以及消费者对产品的感受差异来确定的。顾客导向定价法分为三部分,即理解价值定价法、需求差异定价法和逆向定价法。理解价值定价法的定价依据是消费者对于市场的理解度。企业通过采用各种营销手段来影响消费者对商品内在价值的认知。需求差异定价法是以市场上消费者的需求为基础进行定价的,该定价方法关注的是消费者需求的特征。逆向定价法是根据消费者最终可以接受的消费价格进行定价,倒推出中间商的批发价格和生产商的出厂价格。

(三)竞争导向定价法

竞争导向定价法是在竞争激烈的市场上企业通过对竞争对手的生产条件、价格水平等因素确定商品价格。价格与商品的需求和成本并无直接关系,如果竞争者的价格固定,那么企业的定价也是固定不变的;反之,如果竞争者的价格变动,那么企业的定价也要发生相应的变动。在该定价方法的指导下,企业为了自我生存,定价会适当比竞争对手高或者低。

在垄断或者完全竞争的市场环境下,企业无法凭借自身的实力在市场上完全取胜,此时企业多采用的定价方法是随市定价法,即将企业的价格固定在市场的平均水平上,从而取得平均收益。企业采用随市定价的方法进行定价,可以减少营销、定价人员的时间。产品差别定价法是一种主动性的定价方法,是企业将同种同质的商品通过其营销人员的宣传,在顾客心目中树立起不同的形象,进而可以高于市场的平均定价。但该种方法对于企业的实力要求比较高,通常需要企业在行业或者区域中的份额比较大,消费者可以通过产品与企业联系。

二、利润最大化的定价方法

利润最大化的定价方法是通过最优化企业利润的方法确定产品的价格。依据市场结构的不同,利润最大化的定价方法可以划分为完全竞争市场定价、完全垄断市场定价、垄断竞争市场定价。

(一)完全竞争市场定价

完全竞争市场定价是指企业在完全竞争的市场中对于价格的制定没有决定的控制权,是被动地接受市场目前已有的价格,是价格的接收者。此种情况下,市场中每一商家提供的产品都是同质的,任何商家提高自己的销售价格都会导致自己的产品销售不出去,因此商家不会随便抬高价格,也没必要降低自己的价格,因为商家无论如何都会在市场上占据一定的份额。

(二)完全垄断市场定价

完全垄断市场定价是指在该市场中只有一家企业,那么该企业在定价的时候就会根据自己的企业成本和需求函数,通过最大化自己的利润来决定企业生产产品的数量和价格。因此,完全垄断定价模型在形式上与基本模型相同。但由于完全垄断企业产量大,从规模经济考虑,企业可能在多个分工厂组织生产来满足市场对商品的需求,形成"分别生产,统一销售"的企业生产格局。完全垄断市场在现实生活中是不存在的,中国的铁路运输可以算是垄断企业,但是仍然有公路、航空、海运与其竞争。

(三)垄断竞争市场定价

垄断竞争中的企业数量较多。与完全竞争市场不同,该市场中产品不是单一、同质的,存在细微的差别,此时,企业对于自己生产的商品的价格有一定的控制能力。该定价模式主要取决于商品的差别。商品的差别越大,则企业定价的独立性越强,越接近于垄断定价;反之,企业的定价越接近于完全竞争定价。

寡头垄断市场是目前经济博弈论研究的重点,由于该市场的复杂性和市场中企业行为的多种可能性,因此,对于寡头定价模型不能完全涵盖,存在多种寡头垄断模型在不同的假设条件下共同探讨寡头企业的定价行为。

寡头垄断企业如果想要使各自利益最大化,则需要采取合作的行为,即寡头共谋,因为寡头垄断企业如果互为竞争对手的话,结果则只能两败俱伤。卡特尔联盟就是寡头垄断企业进行协议联盟,谋求彼此之间利益最大化的方式,类似于完全垄断市场中的多工厂情形。该市场与独立行动的寡头市场相比,企业生产产品的产量更低,而企业对于产品的定价更高,此时会导致消费者的利益受损,出现社会无谓损失。基于此,目前世界上的大部分国家或地区建立了反垄断法或者反不正当竞争法来限制卡特尔的形成。卡特尔并不是在所有市场中都会形成,常常在企业数目较少、行业集中度高、产品差异性小、行业协会存在的市场上出现,即使没有政府反垄断法的制裁,通常也会出现卡特尔崩溃。其根本原因在于:第一,卡特尔均衡不是纳什均衡。在其他企业遵守卡特尔协议的前提下,企业违背卡特尔协议能够改善自身利益,因此,企业具有不守约的内在动因,欺骗者企业的出现往往不可避免。第二,成员企业利益不均使卡特尔协议失效。[①] 如果卡特尔崩溃,寡头垄断企业则一般都会暗中达成共识,其中某个企业的价格率先变动时,其余企业的价格也会跟随其发生变动,从而形成一段时期内价格的刚性。

三、企业策略性行为定价方法

企业的利润不仅取决于企业自身的行为和市场的一般供求状况,而

---

① 苏素. 产品定价的理论与方法研究[D]. 重庆大学,2001.

且与现实和潜在的竞争对手行为也有关系。因此,理性的企业需要考虑的因素往往不只是企业的自身因素,还有其他企业和企业所在市场的变化因素。而企业的策略性行为就是企业为了减少目前已经存在的或者潜在的竞争对手而采取的行为,主要分为掠夺性定价和限制性定价两种行为。

(一)掠夺性定价

掠夺性定价是一种企业放弃短期的利益获得长远利益的定价行为。此种定价模式是首先企业采用较低的定价,主要目的是驱除市场上已有的竞争对手,使市场上潜在的竞争对手放弃进入市场,而当企业的竞争对手消失后,此时企业再抬高自己的定价,从而获得长期的垄断利益。掠夺性定价要想成立,必须满足以下三个条件:第一,低定价期间企业要有足够的自有资金承担短时间内的损失;第二,企业要满足低价位期间市场上的需求;第三,企业需要对已有的和潜在的竞争对手了解详细,才能制定可信策略。竞争对手间实力相当时,不能实施掠夺性定价。如果企业之间的实力相当的话,一个企业实行掠夺性定价,其余的企业也会跟随,并且当生产产品的进入或退出壁垒不高时,企业也不能实施掠夺性定价,因为竞争对手可以在企业实行掠夺性定价的时期内将资产转移出市场,当产品的价格恢复到原价的时候再进入市场。因此,实施掠夺性定价的企业必须处于绝对的优势地位:第一,规模优势,实施掠夺的企业一般规模较大,在实行掠夺性低价期间具有承受损失的较强能力;第二,成本优势,低成本的企业在低价格竞争中承受的损失较低;第三,企业的信念优势,实行掠夺性低价格企业向对手传递其成本很低的信息,并迫使其相信,放弃竞争。

(二)限制性定价

限制性定价的主要目的是阻止潜在的竞争者进入市场,因此,企业在制定价格的时候一般会把自己的价格制定在企业的最大获利之下。限制性定价与掠夺性定价的不同之处在于,限制性定价的低定价时间并不短,而是维持一段较长的时间,主要目的是使潜在的进入者相信,即使进入市场,企业也不会改变其供给方式,而潜在进入者进入市场后获得的仅仅是企业的剩余需求。限制性定价对于企业制定价格的要求是使潜在企业进入市场时无利可图,定价企业对于潜在进入者的成本函数比较熟悉,如果已有企业与潜在进入企业具有相同的成本函数,那么现有企业的限制性定价策略的成功主要取决于其先动优势和不改变产量策略的可置信性。根据上述结论可推出,当在位者与进入者成本函数不同时,若在位者是成本优势企业,根据上述模型,在位者则可以采取限制性定价策略,阻止潜在竞争者进入;若在位者是成本劣势企业,则它就不能阻止潜在竞争者进入。从生产的角度讲,成本主要取决于生产技术和生产规模,这些信息对现代市场来说已不构成秘密。因此,在位者只有相信潜在进入者不比自己的成本低时才能采取此策略。

第三章　碳排放权分配制度演变

第一节　国际碳排放分配制度形成的发展历程

如前文所述,现在很多国家在进行碳排放权交易,而此时国际上的碳排放分配制度也呈现出不同特点。从整体的视角来分析,国际碳排放分配制度的形成经过了从自愿性到强制性的一个发展历程,并且应用范围也从区域的试点到在全国范围内实现推广。

一、自愿参与的分配制度

随着各国碳市场十余年的发展,截至 2022 年底,全球已有 1/3 的人口生活在碳市场覆盖的地区,碳市场总共覆盖了全球约 17% 的温室气体排放,比 2005 年增加了 3 倍,接近 90 亿吨二氧化碳当量。除强制碳市场外,自愿减排市场也是促进碳减排行动的重要渠道。清洁发展机制(CDM)是全球自愿减排交易的缘起,一方面帮助强制碳市场的管控企业灵活履约,形成市场"柔性机制";另一方面在 CDM 机制下发达国家获得减排项目产生的碳信用,发展中国家也因发达国家的投资或者技术而获益。

据世界银行统计,2021 年独立性自愿减排机制签发总量占自愿减排机制的 74%。除了国际性以及独立性自愿减排机制外,区域或国家的自愿减排机制在发展自愿减排市场、实现节能减排过程中也发挥了重要作用,主要包含联合碳性用机制(JCM)、澳大利亚减排基金、美国加州配额抵消计划以及中国温室气体自愿减排计划(CCER)等。

　　国际碳排放分配制度在最早开始实行时对分配的主体没有进行严格限制，而是选择自愿参与的形式。众所周知，最先采用国家级碳交易制度的国家是英国，其在碳排放交易中有丰富的经验，而其同时也是当前世界上碳排放权分配制度最完善的国家。英国在一开始进行碳交易的时候其碳排放分配制度就是自愿性质的。当时，英国国内有两类主体参与了碳排放权的分配，分别为直接的参与者和其他的参与者。直接的参与者是指那些为了实现碳减排的能源密集型产业，还有一些公共、私人的服务部门，而其他的参与者则是指那些参与《气候变化协议》及其项目的组织和个人，当然还包括基于其他原因而参与分配的组织和个人。根据对英国企业的调查发现，它们主要是基于节能减排、提升企业形象、获得利益的角度参与碳交易的，而那些不参与的企业也给出了它们的理由，主要是担心财务压力、缺乏能力等，详细的考虑因素见表3-1。

表3-1　　　　　　　　　　是否参与碳交易的因素清单

参与理由	不参与理由
节能减排	担心财务压力
有获利可能	缺乏时间和能力
提升企业形象	若无法完成目标，则将影响企业形象
学习碳交易经验	减排的成本较高
提前为欧盟的制度做准备	

　　资料来源：肖志明. 碳排放权交易机制研究[D]. 福建师范大学，2011.

　　另一个使用碳排放权自愿性分配方式的代表，则是位于美国的芝加哥气候交易所。其会员都是自愿加入的，并且其企图通过使用市场机制来达到减排这一目标。芝加哥气候交易所的会员共同对减排的规章制度进行拟定和管理，之后，其所有的会员都必须依据规定执行其承诺的减排目标。而对于那些超量完成减排任务的企业，可以按规定将剩余的碳排放配额出售给其他会员，或者在以后年度中使用。

　　最后让人可惜的是，ICE洲际交易所在2010年收购了芝加哥气候交易所，而其资源减排碳金融工具也会停用。欧盟的强制性排放权制度也使得英国的自愿性制度被取消，这些都表明自愿性减排的发展实在有限。

VCS（核证碳标准）作为全球最大的独立性自愿减排机制，截至 2023 年 4 月，已签发超过 10.95 亿吨碳减排量，注册 1 998 个项目，其中，1 265 个位于亚洲，中国已注册项目数 462 个；GS（黄金标准）评估过程严格，截至 2021 年 6 月，共注册备案 1 478 个项目；还有 GCC（全球碳理事会）、ACR（美国碳注册）以及 CAR（气候行动储备）等机制都在支持《巴黎协定》第六条的相关规定，积极开展碳减排行动。

二、强制减排的分配制度

以强制性的碳排放权交易制度为代表的主要有：欧盟碳交易制度、美国区域减排行动、日本东京交易体系。这些都是强制性交易制度，但它们的碳排放权分配方案存在不同的特点。

（一）欧盟强制减排的分配制度

2003 年 6 月，排污权交易方案（即 ETS）通过了欧盟立法委员会的一致同意。ETS 设置了工业碳排放的下限，并成立了第一个全球范围的碳交易市场。欧盟的分配体系可以分成三个实施阶段：第一阶段为 2005—2007 年，主要是起了适应过渡作用；第二阶段为 2008—2012 年，主要是为了使欧盟成员能够适应新减排系统，而且在成员方中初步实现《京都议定书》中减排 8%（在 1990 年的基准上）的目标；第三阶段为 2013—2020 年，此阶段的减排目标是要减排 20%（在 1990 年的基准上）。[①] ETS 包括除交通、中小企业外的大部分重要工业部门，具体涵盖电力、钢铁、石油等行业。

欧盟在试验阶段对碳分配采用了分权机制，对总的碳排放量没有进行限制，而是由欧盟各成员国共同制订国家分配计划（National Allocation Plan，NAP），并依据 NAP 对碳排放权进行分配，但是在分配前还是

---

① 何潇潇. 欧盟碳排放权分配体系的探讨及借鉴意义[J]. 金融发展研究，2013（9）：32—37.

由欧盟委员会进行审批。在制定 NAP 的过程中,最关键的是确定排放权分配的实体清单,确定各个部门的配额,此外确定如何让新加入者参与到该计划中来。NAP 提到了免费法、从市场中购买配额、拍卖取得配额三种方法。

第一阶段的 NAP 中规定了 95% 的碳排放权配额是要免费分配给各个企业的,剩余 5% 的分配则是通过在各成员国之间进行拍卖等其他方式。而在第二阶段的 NAP 中,只有 90% 的配额是进行免费分配的,并且在后面阶段该免费配额的占比还要继续下调。

根据 NAP,可以总结出以下原则:分配给各个国家的总量应该与《京都议定书》所规定的减排目标一致,同时要顾及碳减排技术的进步;各个国家可以将产品排放的均值作为基础;欧盟必须考虑相关因素,才能通过有关增加碳排放量的制度;碳排放权在不同企业和产业间的分配要一视同仁,公平对待,要制定有关对新加入者的制度,对提前实行减排行动的产业的权益进行保障;碳排放权分配计划要考虑公众的意见,列出碳排放分配的清单;等等。

NAP 的执行步骤主要有:首先确定所有强制参加的企业的名单;然后确定对碳排放总量进行分配的所有部门,确定分配到给前一步骤中各个部门的碳排放许可量,这个过程要保证分配的透明性,且要综合考虑各个产业部门现实碳排放的情况;最后就是确定分配给各个企业的碳排放许可量。①

ETS 规定了碳排放权配额在同一个阶段内可以存储和借用,如当年剩余未使用的配额可以在下一年使用,而当年若缺少配额则也可以先借用下一年的配额。这个政策的灵活性很高,并且还允许通过买卖对碳排放权进行交易。

(二)美国强制减排的分配制度

目前,美国的碳减排体系并没有在全国范围内实施,但是部分州、地

---

① 肖志明. 碳排放权交易机制研究[D]. 福建师范大学,2011.

区却制定了一些碳减排制度,包括区域温室气体减排行动(RGGI)、西部应对气候变化行动(WCI)、中西部温室气体减排行动(MGGA)。其中,RGGI 于 2009 年开始执行,其他两个减排计划于 2012 年开始执行。

作为美国第一个强制性减排计划,RGGI 采用了市场机制来实施,目前已经有东北部和大西洋中部的 10 个州加入该计划,包括新泽西州、马萨诸塞州、马里兰州、佛蒙特州等。

与欧盟的 ETS 类似,RGGI 也制定了多个阶段目标:在 2018 年,RGGI 所涵盖的电厂的碳排放量与 2009 年相比下降 10%,由 1.705 亿吨减少到 1.535 亿吨。其中,第一个阶段为 2009—2014 年,该阶段目标是将碳排放量与 2009 年的碳排放水平持平,并且将这 6 年履约期分为 2 个 3 年,分别为 2009 年初到 2011 年底、2012 年初到 2014 年底。第二阶段是 2015—2018 年,其间碳排放量需要逐年减少 2.5%。

RGGI 的碳分配机制包括以下几个要点:管理和交易成本低;机制公平、透明;最优化配置碳排放资源,实现经济效益;阻止成员之间私下勾结,提供良好的市场交易氛围;保持价格的稳定;适当提高环境资源的合理收益;与现存的电力、能源行业进行有序的兼容。

WCI 包括美国和加拿大在内的总共 7 个州、4 个省,该计划的目标是在 2020 年使碳排放量比 2005 年下降 15%。该计划开始实施时只覆盖发电业和工业,其碳排放量约占涵盖区域的 1/2。到 2015 年,WCI 已经包括商业、交通燃料、其他工业等,碳排放量涵盖区域接近 90%。

与 WCI 覆盖范围相比,MGGA 覆盖范围相对较小,只包括美国 6 个州、加拿大 1 个省。该计划的目标是在 2020 年使碳排放量比 2005 年降低 20%,在 2050 年则要降低 80%。MGGA 包括的行业较广,包括工业、电力、商业、交通等,其温室气体排放量约占涵盖区域的 90%。[1]

(三)日本强制减排的分配制度

日本东京的总量限额—交易体系(即 Tokyo ETS)在 2010 年 4 月开

---

[1] 庄彦,蒋莉萍,马莉. 美国区域温室气体减排行动的运作机制及其对电力市场的影响 [J]. 能源技术经济,2010 (8):31—36.

始实施,目标是在 2020 年实现比 2000 年减排 20%。其中规定参与者需要在 2012—2014 年平均减排 7%,而 2015—2020 年的减排要求更是高达 17%,对于未达到减排目标的则要缴纳高额的罚款。东京体系的调整对象除一般的工厂、办公楼、大厦等外,还涵盖了很多小型设施,这是与其他国家碳排放分配制度的不同点所在。东京体系对小型企业进行相应的补贴,以减轻其经济负担和成本。

从总体角度分析,国际碳排放分配制度从早期的自愿性过渡到强制性。而从强制性制度的实施成果来看,强制性的制度更有利于减排目标的达成和碳分配制度效率的提高。

此外,国际碳排放分配制度还从一开始在个别地方试点,到后来在全球范围内推广。现在,欧盟的碳排放交易制度已经取代了英国的交易制度,而在美国,全国性的碳排放交易制度即将被推出,并且这个交易体系还将得到美国有关法律的保护,目的就是能够达到在 2020 年实现减排 17% 的目标。在日本,除了上文所述的分配制度外,另一个强制性的交易制度也正在酝酿之中,并且将来会在全国范围内强制执行。

第二节　碳排放权分配的原则

为了有效控制二氧化碳含量、防止人为对气候系统造成影响,《联合国气候变化框架公约》明确指出了以下内容:以公平为基础,各个缔约方应该根据它们所承担的责任和相应的能力,对气候系统进行保护,从而为人类后代谋求福利。发达国家应该带头应对气候变化及其影响。同时,由于对气候变化做出的应对措施会带来经济成本,因此需要考虑各种措施的经济性,寻求成本最低的有效措施,获得全球的效益。

碳排放权分配的原则,是指在进行碳排放权分配时需要始终坚持的思想。一般来说,碳排放权分配的原则往往是多重的,包括整个交易过程中的多个方面,综合概括为公平、效率、减排效果、产业保护四大原则。

一、公平与效率原则

在碳排放权分配的原则中,公平与效率原则是对立的统一体,所以在这里将它们列在一起进行阐述。

碳排放权分配的人均排放权分配原则,即按照人口数量来计算各个国家的碳排放权配额,则体现了公平的原则。在该原则下,每个人对于碳排放权的权利都是相同的,充分体现了人们共同生产和发展的平等权利,所以有很多发展中国家支持该原则。根据该原则,计算一段时间内(假设取 100 年)一个国家许可的总的碳排放量,计算公式为:

该国家的碳排放配额=100×基年人口数量×基年人均许可碳排放量

其中,"基年人均许可碳排放量"是指为了实现大气环境中的二氧化碳的含量能够稳定的目标,而在基年计算的在全球范围内需要实现的累计碳排放量,并且除以该年的全球人口数量得到的数额。

公平原则也往往要考虑在碳排放权分配的过程中导致的成本及其带来的经济效益应该在获得配额的企业之间合理分摊。其中,采用碳排放权分配方式需要确保公平性。对于同一行业中类似的企业、既有和新进的企业之间,需要一视同仁,确保大家都能得到公平公正的机会。此外,实际分配带来的效果的公平应该要重于分配形式的公平,实际效果的公平才是我们所追求的。

而效率原则在碳排放权分配中体现为,在碳排放总量不变的情况下,政府进行分配所花费的成本最小,同时获得碳排放配额的企业所取得的收益最大,即实现碳排放权资源的最优化配置。碳排放配额在一定程度上属于稀缺性资源,因此为了最优配置碳排放权,理应将这些配额分配给能够高效利用它们的企业,但是也应该从管理成本角度对初始分配方式进行考虑,不应该使管理成本不均匀增加。

碳强度系数常被用来衡量分配的效率程度高低。碳强度是指在单位GDP 产出下产生的二氧化碳的排放量。因此,在碳排放总额一定的条件下,通过计算碳强度系数,就可以通过该系数的高低来判断效率的高低。

计算 GDP 碳排放系数的公式如下：

> 碳强度系数＝GDP 的产值能耗×单位能耗的二氧化碳排放系数

其中，若想降低碳强度，则可以通过降低单位 GDP 产出要消耗的能源数量，就能使 GDP 的产值能耗降低；还可以通过提高不含碳或者低碳能源的使用比例，就能减小单位能耗的二氧化碳排放系数。

值得注意的是，如果将以碳强度为基准的相对分配方式放在全球企业来衡量的话，则发达国家获得的碳配额是远远多于发展中国家的（本书讨论的分配方式只是基于本国），但目前施行这种方式进行分配的做法肯定是不合理的。一方面，测算发达国家和发展中国家不同行业的碳强度存在难度；另一方面，获取各国碳强度的成本较高，很难保证公平性。

二、减排效果原则

政府在对碳排放权分配制度进行讨论研究时必须把减排效果这一原则考虑在内。从短期角度来看，如果政府确定碳排放的总量，在这一总量的确定范围内碳减排的数据也就确定下来，那么采用不同的分配制度和方法对碳排放权进行分配就不会对环境效果产生影响；而从长期角度来看，虽然对短期内的总量进行了控制，从而保持了减排效果的稳定性，但是仍旧需要制定一种最有效的分配制度，从而实现减排效果的最大化。其中要特别注意，如果在分配过程中向能源密集型等高排放行业分配过多的碳排放权，则很可能对社会经济向低碳化转型造成困难，从而加大环境治理的难度。

三、产业保护原则

碳排放权交易往往涵盖了能源密集型产业和贸易暴露型产业，这两个产业对国民经济的影响相当之大。因此，在制定交易制度时，减排引起产业短期成本增加的问题需要考虑。对于不同的产业而言，其生产结构以及在市场中所面临的竞争都是大不相同的；在面对分配到的碳排放权配额时，其适应能力也是不同的。政府应该充分考虑到不同行业的现实情况,根据减排成本的高低,针对不同行业制定不同的制度,可以相应地使用免费分配和有偿分配方式。特别是那些减排成本较高并且对于国民经济又有很大影响的工业制造部门,应该要优先考虑采用免费分配的方式,以便使这些部门能够在碳交易制度的实施之处及其过渡阶段更快、更好地适应。

第三节　碳排放初始分配的方式

碳排放初始分配是指政府向各个企业分配碳排放权的过程。碳排放的初始分配方式会影响碳交易的效率,也是分配制度的关键所在,因此我们需要对初始分配方式引起足够的重视。目前,初始分配根据是否需要付费而分为两种分配方式:免费分配和有偿分配。当前,国外较多的是对于免费分配方式的研究。这两种方法都存在优、缺点。基于此,有些碳市场(中国试点)采用了以免费方式为主、有偿分配(拍卖)为辅的混合分配方式。

一、免费分配与有偿分配

(一)免费分配

免费分配,顾名思义就是指企业就碳排放权的配额不需要向政府缴纳有关费用,即不增加企业的成本,这在一定程度上认为企业免费得到了一份可以进行交易的资产。由于存在利益,企业会较容易接受这个分配制度,从而减少在碳排放分配制度实施过程中受到的阻力。因此,该制度往往在碳交易制度的早期被广泛采用。

在欧盟的分配制度中,第一阶段的碳排放权分配即采用免费分配的方式。在 NAP 中,包括免费分配所采用的不同的计算方法概括为:

(1)根据企业历史排放量、依据历史活动所计算得到的排放量、通过设定标杆来设定直接分配给各个企业的配额。其中,根据企业历史排放量,以当前“最佳生产效能的企业”为分配标杆进行分配的方法,即为标杆法(也称为基准法)。从效率角度来看,祖父法的程序较为简单、方便,而从公平角度来看,标杆法更有利于实现公平。但是由于标杆法的设计非常复杂,因此目前仅有荷兰、丹麦等国家在使用。

(2)将碳排放权的分配分为两个阶段。第一,确定各个产业部门的碳排放总额;第二,按照各个企业的历史排放量在产业部门的历史总排放量中的份额来计算各个企业的碳排放配额。该方法在西班牙、英国、意大利的热力产业中被广泛采用。表3—2总结了欧盟会员国的碳排放分配方法。

表3—2 欧盟碳排放分配方法

国　家	分配方法	是否拍卖
奥地利	历史排量法+基准法	否
比利时	各区域不同	否
丹麦	历史排量法+基准法	有(5%)
芬兰	历史排量法	否
法国	历史排量法	否
德国	历史排量法	否
爱尔兰	历史排量法	有(0.75%)
意大利	历史排量法	否
卢森堡	历史排量法	否
荷兰	历史排量法+基准法	否
葡萄牙	历史排量法	否
西班牙	历史排量法	否
瑞典	历史排量法	否
英国	历史排量法	否

资料来源:于天飞. 碳排放权交易的市场研究[D].南京林业大学,2007.

(二)有偿分配

有偿分配通常被分为固定价格方式和拍卖方式,其中以拍卖方式为主,固定价格分配已经很少使用①,因此本书主要介绍拍卖分配法。目前拍卖分配法被普遍认为是另一种进行碳排放初始分配的有效方法。

碳排放权具有私有财产、公共财产的共同属性。目前,拍卖主要有密封拍卖法和动态拍卖法。密封拍卖法是秘密投标,并且只进行一次投标竞拍,所以整个竞拍流程比较简单;而动态拍卖法是公开投标,并且要进行多轮投标竞拍,所以竞拍人可以根据拍卖过程中的公开信息,调整其竞拍报价策略。

拍卖分配法在美国实施的区域温室气体减排行动(RGGI)中被采用,具体被称为统一价格-密封拍卖法。在拍卖时,碳排放权(即每吨碳排放的许可权)被作为拍卖的标的物。2008 年,在 RGGI 的第一笔交易中,对 1 250 万吨的碳排放量进行了拍卖,拍得高达 3 850 万元的价格。而拍卖所得的所有收益,都将被用于发展相关技术,从而提高能源利用效率。这次拍卖在网络上进行,采用密封拍卖方式,仅用时 3 小时。要参加本次拍卖,必须先拥有 RGGI 的账户,再如同普通拍卖一样进行资格审查申请,才能填写出价单并提供相应的资金担保。

RGGI 基本上允许所有的企业、个人、组织、团体等参加竞拍,即使美国国外的企业也可以参加。由于采用的是密封拍卖的方式,竞拍人的申请单、出价单都会进行保密,并且竞拍人之间无法互相看到彼此的竞拍价格。竞拍人的信息进行变更时,需要重新申请进行资格审查。

RGGI 对于拍卖的价格制定了一系列的规定,对于拍卖价格的上限没有进行规定,但是规定了价格底线。该最低价格是指每一单位碳排放权的价格,是根据当年的居民消费价格指数(CPI)进行计算调整的,每年调整一次。2012 年,该最低价已经从 1.89 美元提高到 1.93 美元。虽然该最低价是每一单位的价格,但是 RGGI 规定竞拍人的报价必须是以 1 000 个碳排放权为单位计算的。竞拍人竞拍的价格必须要在其资金担保的范围内,否则其本次竞拍被视为无效。

---

① 叶虎岩. 碳排放权初始配置研究[D]. 山东财经大学,2012.

　　拍卖法确实有不少优点,但还是很少有组织像 RGGI 这样主要使用拍卖法的。由于实施拍卖会受到很多市场和政治因素的干扰,因此很多国家和组织目前还是以免费分配方式为主。为使拍卖法创造更多的价值,在拍卖时要注意采取必要措施,扬长避短,具体有以下几点:

　　1. 拍卖法的实施要循序渐进

　　拍卖法目前还不完善,存在较多容易引起争端的地方,如公众比较关注的拍卖信息的透明度问题。二氧化硫的拍卖交易在美国长期以来都保持足够的透明度,而美国对于碳排放权拍卖交易的透明度却没有明确的规定。正是由于 RGGI 没有完全公开碳排放权交易竞买人和买受人的信息,才导致某美国新闻机构诉新泽西环保局一案的发生。

　　2. 放宽竞拍人的资格条件

　　吸引越多的人加入竞拍,则拍卖的竞争越激烈,从而拍卖的收益也会越高。因此放宽竞拍人的资格限制,在一定程度上鼓励竞拍人参与,能提高碳排放权分配的效率和效益。除了主要关注大型企业外,也要注意到存在的大量中小型企业,使得拍卖方式更加合理。

　　3. 拍卖应当周期性进行

　　合理的拍卖方式应该选择多久的拍卖周期,目前很少有人能回答这个问题。不过,一般认为常规化的、周期性的拍卖是很有必要的。多次进行拍卖会使得拍卖的规模减小,从而给中小型企业更多参与拍卖并中标的机会,更可能实现在大中小型企业分配碳排放权的公平。

　　4. 规定配额的存贮机制

　　要减少碳交易市场的风险,就一定要提高碳排放权的流动性。RGGI 明确表示碳排放权可储存,具有财产权属性。

　　5. 合理设定拍卖价格的上下限

　　碳排放权的供应其实是动态的,可以进行相应的调整,所以在碳交易市场上,碳排放拍卖的价格会由供求所决定。因此,有些国家对拍卖价格规定了上下限,若最后拍卖价格落于该范围内,则提供的碳排放权的供应量不需要进行调整;但若最后拍卖价格高于上限,表示供小于求,根据供求原理,应该增加排放权的供应量,反之则减少供应量。

(三)两者之间的比较

对于免费分配方式,一般在碳排放权交易市场的初期被使用。因其不会带来政策改变导致的当前资产损失,使企业保持竞争力,往往很容易为企业所采用,故能在市场初期起到一种过渡作用。同时,该方法还能较好地防范某些行业的碳泄漏风险。但是在这种方法下,政府需要提前确定碳排放权分配的公式,并且还要把控好碳排放权配额的总量,一旦分配过多,容易降低碳排放权的市场流动性并且打破市场竞争的均衡。与此相比,拍卖方式是由市场来分配碳排放权的结果的,因此该方式更加简单。碳排放权的免费分配,其实是给企业免费赠送了可以进行交易的资产,很可能会使企业忽视减排问题,而导致减排目标无法达成。免费分配增加了碳交易总体的社会成本,并且只有获得碳排放权的企业才享有利益,不能大幅度改善该对应行业的能源、工人的最终价格。而在拍卖方式下,企业通过竞价取得碳排放权,相应地增加了企业的财务成本以及搁置成本,但是该因素能将碳排放的外部影响内部化,发出准确的价格信号,减少碳交易价格波动引起的风险。① 而拍卖取得的收入,除了用来研发能源,利用新技术,还可以用来降低税收,使处于社会中低层的人民受益。并且,企业的减排成本很有可能最后是由消费者进行买单,而通过拍卖取得的收入刚好能够用来进行补偿,从而更好地实现社会公平。

当有新进企业时,在对先进和新进企业一视同仁的前提下,在免费分配方式中,政府需要预留一部分的配额给新进企业,而在拍卖方式下,新进企业只要通过竞拍碳排放权即可进入市场。

二、免费分配下的绝对配额方式与相对配额方式

绝对配额方式是指政府在总排放容量的控制下根据排放总量绝对减

---

① 刘晴川,李强,郑旭煦. 碳排放权初始分配方式选择及配套制度设计研究综述[J]. 科技与企业,2014(24):6—7.

排情况给予配额的方式。绝对配额方式是国际碳排放市场上通行的分配方式,但是绝对配额本身对企业的影响较大。

相对配额方式主要是指企业的碳配额由碳强度、产值等相对值决定,我国主要以相对配额方式进行分配。在总体满足政府减排的要求下,相对配额方式更容易满足企业的增长需求,使得分配方式能够同时满足碳减排及经济增长的需求。

通常来说,从国内外的一些政策法规文件[①]可以看出,历史排量法(绝对配额方式)与基准法(相对配额方式)两种方式也可以被视为绝对配额方式与相对配额方式。为简要明了地进行讨论,配额分配方式可以抽象为绝对配额方式和相对配额方式,我们将历史排量法称之为绝对配额方式,将基准法称之为相对配额方式。

目前,欧盟 ETS、美国 RGGI、日本大多采用绝对配额方式分配碳配额。少数欧盟成员国采用了绝对配额方式和相对配额方式相结合的做法,但并非特别顺利。荷兰曾试用过一种以 125 个标杆值为准的相对配额方式(基准法),但由于荷兰政府复杂的设计、过高的成本,最后只能被迫退出市场。

绝对配额方式和相对配额方式都是基于绝对减排和相对减排的延伸。国内有学者研究表明,绝对配额方式下经济增长与减排效果无法兼得。国家发改委副主任解振华[②]以及国内学者王萱、宋德勇[③]、王倩[④]等就相对、绝对减排与经济发展之间的关系专门发表过文章,证明目前绝对配额方式以及相对配额方式对碳排放权市场以及经济增长的影响已经得到国内碳研究学者以及政府的重视。

---

①　广东省 2016 年度碳配额制度分配方案,http://files. gemas. com. cn/carbon/201607/2016071110363569. pdf.

②　解振华. 过早、过急、过激的绝对减排不可取[N]. 中国经济导报,2010-04-08(B01).

③　王萱,宋德勇. 碳排放阶段划分与国际经验启示[J]. 中国人口·资源与环境,2013,(5):46—51.

④　王倩,俊赫,高小天. 碳交易制度的先决问题与中国的选择[J]. 当代经济研究,2013(4):35—41.

第四章 我国碳排放分配制度的发展现状

经过多年的发展,目前我国碳排放交易市场已经建立起一个多层次的碳交易市场体系,该市场体系包括碳交易的市场、平台、机制、产品等多个组成部分。当前,我国碳排放交易市场中主要存在三个市场,分别为清洁发展机制(CDM)为主的市场、自愿碳排放(VER)市场以及国内8个碳排放交易试点为主的市场。

清洁发展机制下,配额实质上是发达国家给予的,我国企业只是CDM下的参与方,而自愿碳排放则不适合配额讨论。

因此本章讨论的是国内7个碳排放交易试点的排放权分配制度。

第一节 我国碳排放交易试点的发展现状

一、我国碳交易的现状与展望

(一)我国碳市场运行机制

1. 我国碳市场的履约周期

2013年,党的十八届三中全会明确,建设全国碳市场成为全面深化改革的重点任务之一,全国碳市场设计工作正式启动。2017年12月,国家发改委提出将推进碳市场建设工作。当前全国碳市场采用履约周期的方式,周期为两年。全国碳市场第一个履约周期为2021年,完成2019年和2020年的配额履约。经过第一个履约期,全国碳市场打通了各关键流程环节。第一个履约期履约率基本达到预期。按照排放量计算,全国碳市场总体配额履约率为99.5%,但目前全国碳市场仍处于发展初期阶段。

目前在第二个履约期,截至 2023 年 12 月 31 日,完成 2021 年和 2022 年的配额履约。全国碳市场第二个履约期的总体框架基本沿革了第一个履约期,在覆盖范围上,全国碳市场覆盖行业为电力行业,温室气体种类为二氧化碳;在总量设定上,继续采用基于强度的总量设定方案;在配额分配上,仍采用无偿分配方式;在交易机制上,交易产品仍为碳配额;在抵消机制上,规定重点排放单位每年可以使用国家核证自愿减排量抵消碳排放配额的清缴,抵消比例不得超过应清缴碳排放配额的 5%。

针对第一个履约期出现的诸多不协调,第二个履约期也进行了调整:一是实行配额年度管理,即 2021 年、2022 年度采用不同的配额分配基准值,基于上年的实际排放情况确定第二年的基准值。据测算,配额分配中大部分机组基准线下调 6.5%—18.4%,这意味着第二个履约期碳市场配额有所收紧。二是首次引入平衡值。平衡值是各类机组供电、供热碳排放配额量与其经核查排放量(应清缴配额量)平衡时对应的碳排放强度值,是制定供电、供热基准值的重要参考依据。三是新增灵活履约机制及个性化纾困机制,帮助企业完成履约任务。

2023 年 7 月 17 日,生态环境部发布《关于全国碳排放权交易市场 2021、2022 年度碳排放配额清缴相关工作的通知》,对全国碳市场第二个履约周期的配额分配及清缴工作作出了相关规定。全国温室气体自愿减排交易市场或于 2023 年年内启动,与碳排放权交易市场互为补充,共同构成完整的碳交易体系。

2. 我国碳市场的运作流程

当前,我国碳市场的运作流程已明晰。全国碳排放权注册登记系统(中碳登)、全国碳排放权交易系统(由上海环交所负责运维)和全国碳市场管理平台三大运行支撑平台已上线使用。2023 年 2 月,北京绿色交易所宣布将升级为面向全球的国家级绿色交易所,未来将作为全国温室气体自愿减排交易中心。2023 年 6 月,全国温室气体自愿减排注册登记系统和交易系统建设项目初步验收会在京召开,生态环境部应对气候变化司提出将注册登记系统移交国家气候战略中心。全国温室气体自愿减排交易系统仍由北京绿色交易所持续推进。

依据各碳市场最新版《碳排放权交易管理办法》《碳排放权配额分配方案》《碳排放配额管理单位名单》，本书梳理了纳入行业、配额分配方式和抵消机制等信息。

第一，纳入行业方面，除全国碳市场目前仅纳入电力一个行业外，各试点碳市场均纳入多个行业，数量有 5—10 个，且纳入行业类型不一，如表 4—1 所示。除普遍纳入八大高耗能行业外，各试点碳市场还纳入交通、建筑、废弃物处理、食品饮料和服务业等行业。此外，电力行业除纳入全国碳市场管控外，未被纳入全国碳市场的发电企业还被纳入北京和福建试点碳市场。

表 4—1　　　　　　　　　　中国碳市场纳入行业汇总表

纳入行业		全国	北京	天津	上海	重庆	湖北	广东	深圳	福建
八大高耗能行业	电力	●	●							●
	钢铁			●	●	●	●	●	●	●
	建材		●		●	●	●	●	●	
	石化		●		●					●
	化工			●	●	●	●	●	●	●
	有色			●	●	●	●		●	●
	造纸					●	●	●	●	
	民航		●		●					●
交通			●		●				●	
建筑					●					
其他工业			●	●		●	●		●	●
废弃物处理						●			●	
食品饮料				●		●	●			
服务业			●		●					

资料来源：中创碳投官网，根据《国民经济行业分类》划分。

第二，配额分配方式方面。9 个碳市场中有 4 个提出以免费分配为

主、有偿分配为辅;4 个提出以免费分配为主,适时引入有偿分配;只有福
建试点碳市场为配额免费分配方式。

第三,抵消机制方面。全国及各试点碳市场均可以使用 CCER 进行
碳排放量抵消。除 CCER 外,试点碳市场还能利用当地核证减排量抵消
碳排放量。在抵消比例方面,全国及各试点规定的抵消比例基准有所差
异,抵消比例以 5%—10%居多。

我国 9 个碳市场也进行了一些探索和尝试。一是全国碳市场和重庆
试点碳市场提出"借碳"政策,即预支下一年度的碳排放配额,暂完成配额
清缴;天津试点碳市场也提出纳入企业未注销的配额可结转至后续年度
继续使用。二是北京、天津和上海试点碳市场均提出绿电不计碳排放。
北京试点碳市场规定"通过市场化手段购买使用的绿电碳排放量核算为
零";天津试点碳市场规定"各重点排放单位在核算净购入使用电量时,可
申请扣除购入电网中绿色电力电量";上海试点碳市场则规定"外购绿电
排放因子调整为 0 tCO2/104kWh"。

(二)中国碳市场交易现状

1. 我国碳交易的发展现状

2020 年 12 月,生态环境部发布《碳排放权交易管理办法(试行)》,明
确重点排放单位纳入门槛、配额总量设定与分配规则、交易规则等。全国
碳市场"边做边学",不断完善碳市场建设框架,从数据质量管理、核算方
法调整、规范数据来源等方面多次作出调整。国内碳交易市场运行平稳
有序,交易价格稳中有升,促进企业温室气体减排和加快绿色低碳转型的
作用初步显现。

2022 年,中国的碳排放市场的碳配额达到 5 088.95 万吨,比目前全
世界最大的碳交易市场欧盟(91 亿吨)减少了很多。目前中国首批进入
碳排放市场的行业主要是石化、化工、建材、钢铁、有色、造纸、电力、航空
八大行业。这些行业中年能耗达到 1 万吨标准煤以上的企业必须进行碳

交易[①],目前有 7 000 多家企业符合上述要求。据统计,这些企业的碳排放量占据全国碳排放量的一半。截至 2022 年 12 月 31 日,我国碳排放配额累计成交量为 5 085.88 万吨,累计成交额为 28.12 亿元,成交均价为 58.08 元/吨,相比 2021 年的 46.60 元/吨 CO_2 提升了 24.64%。且 CCER 抵消机制已发挥作用,部分控排企业利用 CCER 进行配额抵消。

至 2023 年 6 月底,全国碳市场交易量累计为 2.35 亿吨,交易额为 107.87 亿元,平均碳价为 45.83 元/吨,收盘价为 60 元/吨,相较于 7 月 16 日的开盘价,涨幅为 25%;全国碳市场的累计成交量已达 2.4 亿吨,累计成交额达 110 亿元。中国碳市场已成为全球规模最大的碳交易市场,为推动碳减排及达成减排目标发挥了重要作用。

当前碳交易方式多样,交易价格稳中有升,初步发挥了碳价发现机制作用。全国碳市场采用协议转让方式,包括挂牌协议交易和大宗协议交易。全国碳市场开盘价为 48 元/吨,到 2021 年 11 月跌至平均约为 40 元/吨,但从 2022 年 1 月开始成交价逐步回升,稳定在 50-60 元/吨之间。

另外,碳排放数据质量问题得到高度重视。2021 年 10 月,生态环境部印发《关于做好全国碳排放权交易市场数据质量监督管理工作的通知》;2022 年 12 月,《企业温室气体排放核算与报告指南　发电设施》,强化了数据质量控制计划要求。另外,燃煤元素碳含量"高限值"得到及时修正,将燃煤单位热值含碳量缺省值从 0.033 56 tC/GJ 调整为 0.030 85 tC/GJ,下调 8.1%。

2. 碳市场运行中存在的问题

一是政策预期不明导致市场观望情绪重、企业"惜售"心理强,进而导致换手率偏低。第一履约期配额换手率约为 2%,2022 年全国碳市场换手率为 2%-3%,低于 7 个试点碳市场约 5% 的平均换手率,远低于欧盟碳市场约 500% 的换手率。

———————————

① 中国碳市场进入冲刺阶段,2016 年 12 月 9 日,http://fgw.wuhai.gov.cn/news.aspx?id=5328.

二是交易量"潮汐现象"明显。全国碳市场第一个履约期碳排放配额累计成交量为1.79亿吨,其中临近履约的11—12月,成交量占比为82%。2022年,全国碳市场交易也主要集中在年初和年末,年中表现较为低迷。

三是交易以大宗交易为主,价格未能充分反映配额价值或减排成本,价格信号失真。截至2023年6月30日,全国碳市场累计交易109.12亿元,其中大宗交易占比82%;按照碳均价计,大宗交易价格比挂牌交易价格平均低约9%。大宗交易主要通过集团内部的配额调配、不同控排企业之间直接洽谈或者居间磋商的方式实现。交易方式相对较复杂,交易过程不够透明,成交价格不是配额价值的体现,亦未反映行业的边际减排成本。其交易方式本身也会在一定程度上增加交易的成本。

二、我国碳排放交易试点发展

中国碳市场建设始于试点碳市场。2011年10月,按照我国"十二五"规划纲要关于"逐步建立碳排放交易市场"的要求,中国在北京、天津、上海、重庆、湖北、广东、深圳两省五市,分别启动了碳排放权交易试点工作,并于2013—2014年陆续开市。2016年9月,福建省成为国内第八个开展碳排放权交易试点工作的区域,并于同年12月开市。自此,中国试点碳市场格局形成并延续到现在。

2021年7月16日,全国碳市场正式启动线上交易。在借鉴试点碳市场建设经验的基础上,全国碳市场做了诸多筹备工作,如图4—1所示。

从我国主要试点城市的碳市场碳价走势看,试点碳市场存在三个特点:一是从开市到2022年底,碳价呈现U型,即碳价先跌后涨。二是2022年交易均价普遍抬升,试点市场间价差较大。2022年,各试点碳市场价格区间在4.73—149.00元/吨,整体价格区间较上年上浮,如图4—2所示。除重庆碳市场价格较上年相比呈现下跌趋势,其余试点碳市场均有不同程度的上涨。三是北京和广东试点碳市场碳价高于全国碳市场。截至2023年6月底,试点碳市场累计成交量(不含远期)约为6.07

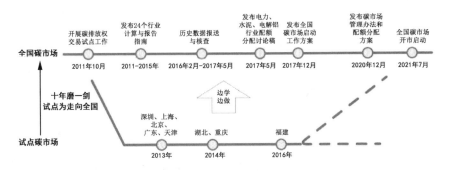

资料来源:作者根据公开资料整理。

图4—1　中国碳市场建设历程

亿吨,累计成交额为167.8亿元。其中,广东的累计成交量和成交额均最多,占比1/3以上;福建的累计成交量和成交额最少,占比分别为5％和4％。试点碳市场碳价均价在20.05—47.37元/吨,其中,最高碳价出现在北京试点碳市场,最低碳价出现在重庆试点碳市场(如图4—3所示)。

经过多年的发展,目前我国碳排放交易市场已经建立起一个多层次的碳交易市场体系,该市场体系包括碳交易的市场、平台、机制、产品等多个组成部分,在运行稳定、交易规模扩大以及市场流动性的提升方面都具备了扩容的市场条件。截至2022年,全国碳市场的建设步伐呈现稳中有进的态势,主要的工作任务集中在数据质量治理体系与碳配额分配方案的完善上。当前,我国碳排放交易市场主要存在以"1+8+1"为模式的三个市场,分别为清洁发展机制(CDM)为主的市场、国内8个碳排放交易试点为主的市场以及自愿碳排放(VER)市场。此外,我国的碳排放权交易体系首先在发电行业实施,预计未来将拓展到其他行业。在清洁发展机制下,配额实质上是发达国家给予的,我国企业只是参与方,而自愿碳排放则不适及配额讨论。因此本章讨论的是国内8个碳排放交易试点的配额分配制度。

国家发改委在2011年10月29日正式发布了《关于开展碳排放交易试点工作的通知》。该通知指出将在7个省市进行碳排放交易的试点工

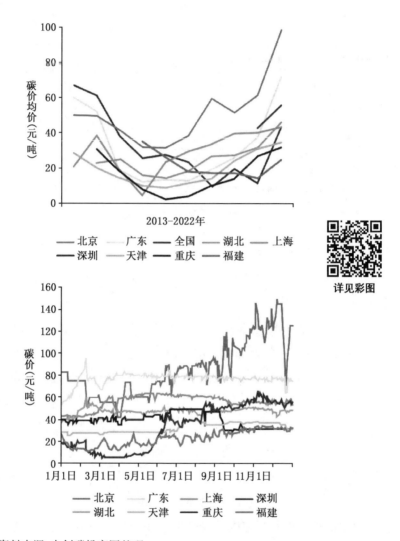

详见彩图

资料来源：中创碳投官网整理。

图 4—2　至 2022 年中国碳市场碳价走势(上图)和主要试点城市碳价走势(下图)

作,包括北京市、天津市、重庆市、上海市、广东省、湖北省以及深圳市共 7

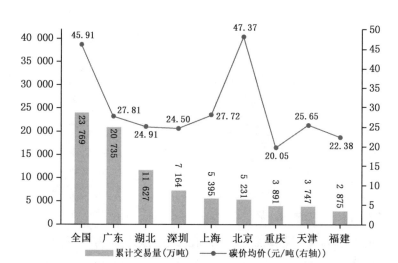

资料来源：中创碳投官网整理。

图 4—3　至 2023 年 6 月全国及主要试点城市碳交易累计概况

个试点区域。[①] 2016 年 12 月 22 日，福建省启动碳排放交易，成为第八个碳排放试点区域，为将来建立我国国内的碳排放交易市场打下基础。而 8 个试点区域自设立以来都积极地开展碳交易工作。它们针对各自的实际情况，明确参与碳排放交易的行业和企业范围，确定各自的碳排放政策和标准，制定碳排放交易的范围、碳配额的分配和计算方法。

2013 年，作为中国碳交易的元年，北京市、天津市、上海市、广东省、深圳市依次开始了碳交易试点工作，进行碳配额交易，而在 2014 年上半年，剩下的湖北省、重庆市也开展了碳交易工作（详见表 4—2）。2016 年底，福建省正式加入开展碳交易工作。在第一年的试点工作中，上海市 100％的碳交易试点的企业按时完成 2013 年的碳排放报告工作，并由第三方机构对这些报告进行审查。

---

① 孟新祺．国际碳排放权交易体系对我国碳市场建立的启示[J]．学术交流，2014，(1)：78—81.

表 4—2　　　　　　　　试点地区的交易启动时间表

序　号	试点地区	交易启动时间
1	深圳碳交易市场	2013-06-18
2	上海碳交易市场	2013-11-26
3	北京碳交易市场	2013-11-28
4	广东碳交易市场	2013-12-19
5	天津碳交易市场	2013-12-26
6	湖北碳交易市场	2014-04-04
7	重庆碳交易市场	2014-06-19
8	福建碳交易市场	2016-12-22

资料来源:深圳碳排放交易所,http://www.szets.com。

　　从履约情况来看,虽然多个试点在履约时间上均有一定的推迟,但是履约率均超过 95%,普遍较高。在国际上,之所以追求较高的履约率,是因为违约将受到严重的惩罚,而在国内因为履约成本和惩罚水平有时不对称,在国内履约主要靠政府的支持。各地政府为了保证较高的履约率,会采取一系列保证措施,比如,将交易的时间延长、周末临时开市等措施,并且在履约期内最明显的特征是市场成交量的剧增,以北京、天津、上海、广东、深圳为例。其中,履约期的市场交易情况如表 4—3 所示。

表 4—3　　　　至 2022 年各碳交易排放试点履约期的市场成交情况

试点地区	成交量(吨)	日均成交量(吨)	成交金额(元)	日均成交金额(元)
北京	1 838 317	5 036.484 932	197 678 997.3	541 586.294
天津	5 438 438	14 899.830 14	186 813 393	511 817.515 1
上海	1 654 947	4 534.101 37	93 434 223.1	255 984.172 9
广东	14 431 065.26	39 537.165 1	1 014 391 369	2 779 154.437
深圳	5 081 155	13 920.972 6	222 073 495	608 420.534 2
合　计	28 443 922.26	77 928.6	1 714 391 477.4	4 696 963.0

　　注:履约期的市场成交包括线上交易、协议交易和拍卖三个部分,但不包括初始分配意义上的拍卖,数据来源于 http://www.szets.com。

三、中国碳交易市场发展趋势

　　综合来看,全国碳市场在运行稳定、交易规模扩大和市场流动性提升等方面已具备扩容的条件。未来的发展目标将是进一步完善碳市场体系,提高市场效率和透明度,加强碳减排管理和监管,推动更多行业参与,实现更广泛的碳减排效应。

第一,全国碳市场扩容在即。全国碳市场自启动以来,目前只将电力行业纳入碳排放权交易的范围。按"成熟一个行业,纳入一个行业"的原则,石化、化工、建材、钢铁、有色、造纸、航空七大高排放行业亟待纳入全国碳市场。2023年5月,生态环境部召开"扩大全国碳市场行业覆盖范围专项研究"启动会;2023年6月,钢铁、石化和建材行业纳入全国碳市场专项研究。国家将加大对碳排放统计核算体系基础建设的资金投入,这有助于提高碳排放数据的质量和准确性,并进一步借鉴国际碳市场的发展经验,衍生出更多产品种类。未来碳交易的行业不仅局限于目前的八大行业,并且企业进步的标准也会相应降低,年能源消耗在5 000吨标煤以上的企业即可进入。[①]

第二,CCER重启在即。经过第一个履约期,市场上的CCER数量已不足以满足下一个履约期的碳抵消需求;碳市场扩容在即,CCER将更加紧缺,CCER重启备受瞩目。2023年6月29日,生态环境部新闻发言人、宣传教育司司长刘友宾表示"今年年内尽早启动全国温室气体自愿减排交易市场"。方法学方面,分布式光伏、林业等大概率将第一批发布;平台建设方面,全国统一的CCER平台将在7月上线。诸多信源均表明CCER重启在即。

第三,打通电碳市场联通渠道。电碳市场相辅相成,联动是必经之路。一方面,绿电是碳市场减碳的重要途径。北京、天津和上海试点碳市场率先提出绿电不计算碳排放,这将有助于减少控排企业的碳排放量。另一方面,碳市场减碳需求势必带动绿电消费需求。2023年1—5月,中国绿电省内交易量为174.3亿千瓦时,占市场交易电量的0.80%,绿电消费需求并不强烈。几个试点碳市场对绿电绿色环境属性的认证,将是

---

① 中国碳市场即将启动,2016年11月23日,http://www.360doc.com/content/16/1123/08/35130481_608706540.shtml.

激发绿电消费需求的一大途径。

第四,加快碳市场顶层法规建设。出台《碳排放权交易管理暂行条例》已经成为中国碳市场进 步完善的重中之重,连续多年被纳入国务院立法工作计划。公开可查的最新文件是 2021 年 3 月 30 日印发的《碳排放权交易管理暂行条例(草案修改稿)》,其对配额总量与分配方法、配额清缴、重点排放单位义务、监督管理、追责等诸多方面进行了规定。从立法的角度规定碳市场相关要素,将有助于规避多种问题,从而推动碳市场规范且高效地运行。相关部门也正组织开展扩大全国碳市场行业覆盖范围专项研究,补齐制度短板,全国碳市场扩容有望取得新进展。此外,相关的配套制度和技术规范的建立健全也至关重要。

第二节　我国碳排放交易试点的排放权分配制度

本节主要介绍各试点的排放权分配制度。从国内外的一些政策法规文件①可以看出,历史排量法(绝对配额方式)与基准法(相对配额方式)两种方式也可以被视为绝对配额与相对配额方式。因此,本节讲到的历史法(祖父法)、标杆法(基准法、产能配额)其实是绝对配额方式和相对配额方式的另一种说法而已。

---

① 市生态环境局关于天津市 2022 年度碳排放配额安排的通知,https://sthj. tj. gov. cn/ZWGK4828/ZCWJ6738/sthjjwj/202212/t20221202_6049138. html. 上海市生态环境局关于印发《上海市纳入 2022 年度碳排放配额管理单位名单》及《上海市 2022 年碳排放配额分配方案》的通知,https://www. shanghai. gov. cn/gwk/search/content/88d1f2dc6c1c468780b0b1a66998d478. 广东省 2022 年度碳排放配额分配方案,http://gdee. gd. gov. cn/attachment/0/509/509972/4058200. pdf. 北京市生态环境局关于做好 2022 本市重点碳排放单位管理和碳排放权交易试点工作的通知,https://sthjj. beijing. gov. cn/bjhrb/index/xxgk69/zfxxgk43/fdzdgknr2/zcfb/hb-jfw/2022/325814559/index. html. 省生态环境厅关于印发《湖北省 2021 年度碳排放权配额分配方案》的通知,http://sthjt. hubei. gov. cn/fbjd/zc/zcwj/sthjt/ehf/202211/t20221111_4399660. shtml. 福建省 2022 年度碳排放配额分配实施方案,http://sthjt. fujian. gov. cn/zwgk/zfxxgkzl/zfxxgkml/mlwrfz/202308/t20230803_6219116. htm. 重庆市 2021、2022 年度碳排放配额分配实施方案,20230523031627780pmD. doc (live. com). 深圳市 2023 年度碳排放配额分配方案,10652419. docx (live. com).

一、天津碳排放权分配制度

作为我国重要的化工基地之一,天津的碳排放交易覆盖范围较广。对于天津来说,工业化是其目前最重要的进程,因此,第二产业在该市产业中所占的比重不断加大,其范围主要包括钢铁、化工、电力热力、石油等高碳排放行业,这在一定程度上造成了天津碳排放管理覆盖的企业范围远不及上海和北京。而在实施的首年就进入范围的企业都是在 2009 年之后碳排放量超过两万吨的。

根据天津市有关碳排放报告[1]的规定,重点碳排放的企业(即每年的碳排放量超过规定的范围)需要进行碳排放报告,每一年第一季度对前一年排放文件进行编写,递交给第三方并由其对文件审查以及就相关结果做出汇报。该第三方部门不能连续 3 年相同。最后在当年的 4 月 30 日前,企业要向天津市发改委递交碳排放报告和相应的审查报告,并由市发改委审定该企业的年度碳排放量,同时天津市发电行业排放单位转入全国碳排放权交易市场配额管理。

天津市进行交易的基本方式是由政府来确定总碳排放量目标,然后将该目标量分配给各个企业,若它们有剩余配额,就可以进行销售而获利;而若其排放额多于相应的配额,就必须在市场上买入对应的数量。

天津市的初始碳排放分配制度主要选择钢铁、化工、电力热力、石化、油气开采五大行业进行试点,最终在初期市场一共选择了 114 家厂商,在随后的两年时间内,按照有关政府文件并且考虑当地情况,调整了纳入企业的范围。

天津在对各企业的碳配额进行核定时对建材行业采用了历史强度法的原则,即在计算时根据企业该年的产品产量、历史单位产品碳排放量以及控排系数来分配配额。同时,钢铁、化工、石化、油气开采、航空等 12 个行业则按照祖父法进行分配,根据企业历史的碳排放量和控排系数进行计算,如果历史产品产量生产不足半年,且履约年可以正常生产,企业则可根据情况申请采取历史强度法进行分配,此外还结合各个行业的特殊之处,综合思量每个单位的前期减排行动以及今后的计划,同时又归为三类,分别为基本配额、调整配额、新增设施配额,而前两类可以统称为产能配额(相对配额方式)。在参考该企业过去的碳排放量水平的基础上,政府将基本配额、调整配额分配给各个企业,若该企业开始使用新的生产设备,则会得到相应的新增设施配额。

在开始正式交易前,天津市已分配好排放配额。2022年的配额发放分为两批次进行:2022年7月31日前向在系统内的单位分配第一批次的基本配额,而第二批次的配额和调整配额将在核查工作结束后一次性发放至纳入企业的账户中。然后,天津市发改委就按照经济现状、交易市场状况、企业配额的使用状况等,分别对上一年度的履约情况进行总结,从而明确2023年的碳排放配额总量以及对基本配额、调整配额、新增设施配额做出相应的调整,最后在登记注册系统中进行分配。

天津市大部分使用免费方式来分发,并结合拍卖等有偿手段。其中,拍卖等有偿分配方式主要是在碳排放权价格产生很大起伏时用来平稳交易价格的,而天津市在2022年都是通过免费分配方式进行分发的。

二、上海碳排放权分配制度

作为碳交易的试点地区之一,上海在试运行初期以碳交易机制的运转为首要目的,所以交易的气体主要是以二氧化碳为主,等以后交易机制稳定后还将包括甲烷等其他温室气体。目前,上海市的交易主体为年度能耗超过20 000吨标煤的企业,其中重点交易主体包括钢铁、石化、有色、汽车制造、水泥和建材行业等在内共计323家企业,特点是消耗大量能源。

"十四五"期间,上海单位GDP产生CO_2量要到2025年,以2020年为基准下降14%,确保在2025年前实现碳排放达峰。因此,上海市按照交易主体二氧化碳的排放量所占比例来确定各个主体的减排量,从而进一步确定碳减排总量指标。

上海市发改委按照各个行业各自的特点,结合已有制度,使用行业基准线法、历史强度法和祖父法。其中,采用行业基准线法的行业有发电、电网和供热等电力热力行业及数据中心企业,而采用历史强度法的行业则有航空、港口、水运、自来水生产行业等企业,并且其产品产量与碳排放量相关性高及计量完善,在进行分配时使用的历史强度基数,都为经过上海市盘查后的数据。对商场、宾馆、商务办公、机场等建筑以及产品生产复杂、边界难以界定的企业采取祖父法。

对于使用祖父方式得出的单位该年配额,不仅要思量单位的历史排放基数,而且要兼顾前期减排行动和新增项目这两个要素。历史排放基数的计算需要考虑企业的历史排放基数为 2019—2021 年 3 个数量的均值。在先期减排配额方面,如果该单位在碳交易市场成立之前的生产活动中曾使用节能科技并且管理相关能源的使用,还从国家、本地取得财政补助,收该企业则能得到相应的先期减排配额。该数量为将该企业节能数量经过公式计算而得到 2021 年 100 万吨及以上的碳排放数量累计变化超过 30%,而在 100 万吨以下的排放量需要累计变化超过 40%。若上述条件都不满足,则按照年度碳排放量变化超过 20% 的企业,取其变化后各年度的平均值,并且在 2022 年一次性免费发放配额至账户。若企业想要申请新增项目配额,则该企业有关固定资产投资项目的年综合能源消耗量要超过 20 000 吨标准煤。获得的新增项目配额计入其当年的碳排放配额中。

而对于使用基准法的行业,需要整体思量该行业中不属于同类的单位年度碳排放的基准、年总业务量和相关的修正系数,还要结合先期减排行动等要素,才能计算某个单位的年排放配额。其中,先期减排配额的运算方式和工业的方式相同。

运用以上方式计算各个单位的年排放配额后,上海市发改委使用免费分配方式在本市登记注册系统上分发各个单位的配额。其中,使用祖父法行业中的单位,其 2019—2021 年碳排放配额是一次性得到的,而基准法或历史强度法下的单位,需要根据 2021 年的业务量、产量等生产数据的 80% 来计算基准,从而得到 2022 年度免费发放的预配额。当然,市发改委分配的配额并不是不能改变的,在每一年清缴期前,其会结合各个企业当年的业务量的情况来调整该企业的年度排放配额,相应采取收回或者补发的手段。

对于企业来讲,其在获得碳排放配额后,即可在碳交易市场上进行交易,若不足,则可以通过购买补充;若有结余,则可以进行出售。但是在当年的 6 月份,单位必须上交与前一年度排放数量匹配的配额,从而实现其义务。

三、广东碳排放权分配制度

根据 2022 年的广东省碳排放配额的实施办法[3],其进行监管的单位在原来的四大行业(电力、石化、水泥、钢铁)的基础上新增了航空等行业内的企业共计 200 家(不包括深圳市的企业)。这些企业年度排放量均超过了 1 万吨。

广东省发改委根据其 2022 年控制温室气体排放总体目标,结合国家的去产能目标,综合考虑本省的行业情况以及规划,确定了所有行业的总量配额为 2.66 亿吨,其中有 0.13 亿吨的配额是作为储备配额使用的,用于分配给新建项目企业以及进行市场调节。

广东省单位配额也是采用基准方式、历史强度下降法、历史排放方式来计算。

使用基准法计算配额的单位,主要有电力行业的发电机组(使用燃煤燃气的方式发电的)、钢铁行业的长流程的单位、水泥行业的粉磨加工以及熟料加工。企业先得到的是按照前一年度企业产量计算的预配额,然后再根据当年的实际生产的产量来计算最终配额,同时对最终配额与预配额的差额部分进行收回或者补发。历史强度下降法主要运用于水泥行业其他粉磨产品,钢铁行业的钢压延与加工工序、外购化石燃料掺烧发电,石化行业煤制氢装置,特殊造纸和纸制品生产企业、有纸浆制造的企业、其他航空企业。采用历史排放法的主要有水泥行业的矿山开采、石化行业企业(煤制氢装置除外)。

广东省 2022 年度为免费分配和有偿分配方式。对于免费分配,其在民航单位的占比达 100%,而在石化、水泥、钢铁、造纸等单位中占比高达 96%。而有偿分配主要采用竞价方式,企业可以自由参与。省发改委在当年的 7 月 10 日到 7 月 20 日的十天内,在注册登记系统上向各个控排企业免费分配碳排放配额。而新建项目企业则需要通过竞价或者碳交易市场来有偿购买相应的足额配额,只有待其转为控排企业后,才能从系统中得到免费的碳排放配额。

对于有偿分配的配额会在 2022 年底至 2023 年初、2023 年 4 月 20 日分两期在规定的竞价发放平台上进行竞价。企业需要在平台上提出竞价的申请,并且缴纳相应额度的保证金以及购买资金后,才能参与竞价。对于企业竞拍的价格并没有限制,但是发改委设置相应的保留价作为配额的发放底价。2022 年的有偿分配的配额高达 50 万吨,当然,若碳交易市场出现特殊情况,则该数量和竞价次数都会根据相应的情况做出调整。

四、北京碳排放权分配制度

北京的碳排放交易细则规定,单位的年碳配额总量由三部分组成,分别是既有设施配额、配额调整量、新增设施配额。对于既有设施配额计算主要采用基准法、历史排放总量法、历史排放强度法这三种计算方式。[4] 电力生产业、热力生产和供应业、水泥制造业、数据中心其他发电(抽水蓄能)、电力供应(电网)等行业按基准法核发配额。采用历史强度法和历史总量法核发配额的供水及排水、石化、其他工业、交通以及服务业各单位的配额是 2016—2018 年的总量均值乘以相应的企业控排系数。

对于新增设施配额,需要根据相应强度先进值来计算。新增设施配额是该设施对应的活动水平(包含产量、产值等)乘以其所示相应企业的强度先进值。

而有关碳配额的调整,是由已经获得碳配额的企业向市有关部门提出对其碳配额进行变更申请,若市部门根据该企业生产情况认定应该进行调整的,则对该企业的配额进行调整。

北京市碳配额是通过"配额预发、排放量核定及配额调整核发"方式分配。市发改委在当年的 6 月 30 日之前向单位分发该年既有设施配额;新增设施配额则是在下一年的履约期前,并且需要在对企业的碳排放进行核查之后才能发放;而有关碳配额的调整量,也是在次年的履约期前,需要在对企业的配额变更申请进行核查之后才能发放。如果企业在"十二五"期间已经使用了节能减排措施,并且减排效果明显的,其可以通过向有关部门申请的方式来获得相应的配额奖励。

五、湖北碳排放权分配制度

根据最新的湖北省发改委制定的湖北省碳排放权配额的分配方案[5],湖北省的碳配额分配在配额总量不变的条件下主要采用免费分配的方式,同样也使用历史法(绝对分配方式)、标杆法(相对分配方式)、历史强度法,并结合事前分配、事后调整的方式来对碳配额进行合理的分配。

湖北省碳配额分配包括 2018—2021 年间任意一年综合能耗超过10 000 吨共 339 家单位,覆盖钢铁、水泥、化工等共计 16 类。湖北省的年度配额总量是按照 2018—2020 年度湖北省企业排放量的占比,以及2021 年全省单位生产总值二氧化碳排放下降情况,并结合本省经济发展情况来确定的。湖北省在 2021 年达到 1.82 亿吨配额总量。

配额总量由三部分构成,分别为年度初始配额、新增预留配额、政府预留配额。其中,政府预留配额将起到市场调节作用,而新增预留配额则是分配给企业新增的产能以及由于产量的变化需要的配额。年度初始配额是由所有纳入企业的初始配额构成,而政府预留配额占配额总量的6%,新增预留配额则是配额总量减 2021 年度初始配额以及政府预留配额之后的剩余值。

对于纳入单位的配额,运用免费分配方法,经过历史方法、基准方法得出数量。采用标杆法的行业为水泥(外购熟料型水泥企业除外),采用历史强度法的主要有热力生产和供应、造纸、玻璃及其他建材(不含自产熟料型水泥、陶瓷行业)、水的生产和供应行业、设备制造,剩余的行业则使用历史法。杠杆法在计算时需要使用预分配的方式,初始分配碳配额为上一年度的实际碳排放量的 50%,然后再根据本年的实际碳排放量来确定本年的碳排放配额,与分配配额和实际配额之间的差额则采用多退少补的方式,其中,对本年的碳排放量计算除考虑实际产量外,还需要考虑行业标杆值、市场调节因子。采用历史强度法计算,需要在标杆法的基础上考虑历史碳强度值,原则上为企业 2018—2020 年碳强度的加权平均值,而用历史法计算时,则不用进行预分配。企业的年度初始配额的计算主要考虑历史排放基数、行业控排系数以及市场调节因子,其中,历史排放基数是该单位在基准年(一般情况下取 2018—2020 年)的排放量均值。

若由于企业的产能、产量发生变化,从而引起企业碳排放边界变动且造成企业的本年碳排放量与碳排放初始配额的差异超过 20%(或超过 20 万吨 CO_2),则企业才能向省有关部门提出申请,而相关部门需要对该企业的配额进行重新计算并进行调整,对碳排放配额变化的部分进行多退少补。

省发改委通过注册登记系统将年度初始配额分配给企业,新增配额的发放是在次年的履约期前,并且核实后才发放,与此同时,要根据实际产量来确定采用标杆法企业的实际配额。湖北省为了推进碳交易的远期工作,在分配当年的碳排放配额外,还会对下一年度的部分配额进行预发放,该预发放的配额虽然不能在 2021 年抵用,但是却能在市场上买卖。

六、福建碳排放权分配制度

自党的十八大以来,福建省的碳排放工作取得了显著的成果。福建省经济总量连升三级:2013 年跨越 2 万亿元、2017 年突破 3 万亿元、2019年登上 4 万亿元,成为全国经济发展的重要引擎。

在能源结构方面,福建省依托风电资源优势和核电厂址资源优势,率先建成以新能源为主体的新型电力系统;以新能源为核心,更好地服务和融入新发展格局。同时,福建省也在产业结构方面进行了调整,依托核电、风电等低碳无碳能源,培育储能产业和数字能源产业;以低成本能源优势培育产业发展新优势,构建以先进制造业、战略性新兴产业和现代服务业为主体的现代产业体系和现代化经济体系,补齐产业结构短板。

此外,福建省还积极推进碳市场建设。2016 年底,福建碳市场建成并启动交易,成为国内第八个试点区域碳市场之一。经过 4 年的探索,福建省已初步建成具有福建特色的碳排放权交易体系,为国家碳市场建设提供了"福建经验"。此外,福建省还印发了《关于完整准确全面贯彻新发展理念　做好碳达峰碳中和工作的实施意见》,以推动这一工作的实施。

从历史数据来看,2018 年福建省的二氧化碳排放量为 2.61 亿吨,其中,能源行业的排放量占比最大,达到 53.6%;制造业排放量占比为32.2%;交通运输业排放量占比为 14.2%,这表明能源行业是福建省碳排放的主要来源。

为了减少碳排放,福建省已经采取了一系列措施。例如,全省单位GDP 能耗下降了 30.8%,并且福建省还在探索利用其 1.79 亿吨的森林植被总碳储量来为碳达峰和碳中和做出贡献。此外,福建省还在加强能耗双控政策与碳达峰、碳中和目标任务的衔接,探索能耗双控向碳排放总量和强度双控转变的工作机制。

根据最新发布的福建省碳排放配额分配实施方案,福建省将电力、钢铁、化工、石化、有色、民航、建材、造纸、陶瓷九大行业,及 2019—2022 年度任意一年能源消耗达 5 000 吨以上纳入配额管理范围。配额总量由三部分组成,分别为既有项目配额、新增项目配额与市场调节配额,并且市场调节配额界定为前两项配额之和的 5%,便于政府灵活调节市场。

对于配额的分配,该省采用基准法和历史强度法进行分配。基准法覆盖电力(电网)、有色(电解铝)、建材(水泥和平板玻璃)等行业重点排放单位,采用该法的标准为新增项目投产满 1 年后。而造纸(纸浆制造、机制纸和纸板)、民航(机场)、陶瓷等行业则使用历史强度法,其标准为投产满 2 年后。

总的来说,福建省在碳排放方面的发展工作是全面而深入的,既注重短期的节能减排,又着眼于长期的碳达峰和碳中和目标。

七、重庆碳排放权分配制度

根据重庆市发布的最新碳排放配额管理细则[7],重庆市对在2018—2020年间任意一年碳排放量超过1.3万吨的厂商进行管控。对于纳入本市碳配额管理的企业,需要向本市的登记簿管理单位提出登记账户的申请。

采取配额方法按照"等量法＞行业基准线法＞历史排放强度下降法＞历史排放总量下降法"的优先顺序。生活垃圾焚烧行业采用等量法,而水泥熟料生产和电解铝生产项目在投产满一个年度之前采用此法,其他新建项目则需要满两个年度才能采用等量法。采取基准法的有水泥、电解铝行业。重庆市的配额总量的设定,实行免费发放。历史排放强度下降法运用于水泥、化工行业,两种产品同质化高且碳排放边界设定清晰。若没有符合上述条件的企业,则采用历史排放总量下降法。重点排放单位在2022年预分配的额度是先根据2021年度配额的50%计算,加上2021年度的配额一起发放,最后在2022年度结束,配额核定依据年度核查结果进行。

八、深圳碳排放权分配制度

从2013年6月18日深圳市成立了全国第一个碳排放权的交易市场以来,深圳一直是我国环境交易市场上的带领者,将635家企业纳入管控范围。截至2021年,深圳已有750家企业被纳入碳排放管控单位,其中包含制造业、电力、水务、燃气、公共交通等行业。2013年为第一个履约期,共有631家企业按规定完成减排任务,占所有纳入企业的99.4%。

深圳市碳排放权的交易体系的运行机制为:碳市场开始前,要先测算碳排放清单,并计算出碳排放总量,以及对试点期间连续3年的配额进行分配;然后,在交易期间,企业要按照相应的管理办法来量化其本年的碳排放量,并向有关部门报告,交给独立的第三方机构,第三方机构对报告进行核查。若排放量低于配额,则该差额可以在市场上出售或在以后年度使用;若超过,则需要购买相应数量的碳配额,见图4—4。

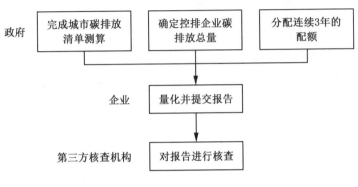

图4—4   深圳市碳交易流程

在深圳的碳交易体系中的一个独特设计,就是可规则调整的固定总量。2013—2022年的碳排放总量为1.5亿吨,其中,配额约为3.5亿吨。深圳为了满足企业发展对于碳排放的需求,同时又要有效控制碳排放量,并保持碳市场价格的稳定,所以制定了固定的排放总量,此外,还结合以下措施:重点排放单位配额占年度配额总量的96%,价格平抑储备配额占比2%,同时新进入者的储备配额也占2%;考虑目前的经济发展形势,该市2023年度重点排放单位配额采用"免费+有偿"的方式分配,其中免费发放占比97%,以拍卖形式发放的有偿分配占比3%;根据预测出排放单位的经济产出,按照预估配额数量70%的比例发放预配额;实际配额则根据实际产出指标核定,如与预分配出现偏差,采用"多退少补"的原则;且它们的碳配额量超过总量的90%;基于实际生产以及碳强度指标可以对配额进行调整,并可向企业免费增发配额,该增发配额不超过其年度总量的10%;在企业实际排放量超过免费配额时,政府将扣减未实现控排的免费配额;预留年度配额总量2%的配额,以备价格不稳定时使用;当碳成交价暴跌时,政府可回购不超过有效流通配额的10%,以稳定市场。其特点如下:

(一)规定需要进行碳排放配额管控的企业

企业分为四类,分别为任意一年碳排放量超过 3 000 吨的企业、建筑物(有大于 1 万平方米的建筑面积并且主要进行公共活动)的机关办公建筑、自愿加入碳排放控制的企业以及其他指定的碳排放企业。对于年排放量超过 1 000 吨但又小于 3 000 吨的企业,应就其碳排放量的情况以书面形式向政府部门报告,由相应部门作出回复。

(二)深圳市碳交易的年度碳配额总量的确定

在目标排放总量的基础上,深圳市综合考虑产业的相关政策、有关行业的发展情况、减排能力、以前年度的碳排放量以及前期的减排效果等方面制订总量计划。本市的年度碳配额总量由 4 方面组成,分别是预分配配额、调整分配配额、新进入者的储备配额、价格平抑的储备配额。深圳市以免费和有偿的方式来分配配额,考虑到近期疫情冲击、国际经济形势等因素,预分配配额、调整分配配额、新进入者的储备配额均采用免费的形式,而进行有偿分配的配额则是当市场配额价格流动性过大时,价格平抑的储备配额采取拍卖的方式出售,且只用于履约,不能适用于市场交易。

(三)企业分配额度的确定

预分配配额是将采用免费分配方式分配给企业的配额,有关预分配配额的确定根据行业的不同需要考虑不同的因素。电力、供水、燃气单位需要考虑其在行业的基准碳排放强度、预期生产量等要素来计算该年的目标碳强度和预分配配额,而剩余单位则需要综合考虑该单位的历史碳排放量、其碳排放的相对程度、所有单位的将来减排目标等要素,并使用竞争博弈的方式来计算当年的目标碳强度和预分配配额。新进入者的储备配额占年度配额总量的 2%。这里的新进入者主要是指预计的年碳排放量超过 3 000 吨的新建的固定资产项目,相关部门需要考虑其所属行业的发展政策和碳排放水平,并结合该单位的技术等情况来对其分配预分配配额。通过拍卖的碳配额量需大于年度配额总量的 3%,并且可以根据碳交易市场的情况来逐年提高拍卖所占的比重。价格平抑的储备配额主要由深圳市的预留配额及其回购配额、新参与者的储备配额这三部分组成,其中,主管部门的预留配额占年度配额总量的1%。但是这三部分的配额在碳交易市场上只能采用固定价格的方式进行交易,并且也只供企业进行履约使用。企业的实际配额数量由相关部门在5月20日前根据各个企业的实际年排放量,并使用相应的统计指标来进行计算。若该企业所属行业的产品单一,则其配额是在上一年的生产总量的基础上乘以目标碳强度;若其属于别的行业,则其配额是在上一年实际的工业增加值的基础上乘以目标碳强度。对于确定的实际配额与预分配配额之间的差额,则由相关部门进行追加或扣除。对于企业获得的碳排放配额,上一年剩余的配额可以用于下一年度,企业也可以根据有关法规在市场上进行转让、抵押等交易,获得相应的收入。企业可调整总量控制是指以碳强度下降为硬性约束指标,履约期初始根据碳强度指标和预期产出计算配额数量,但履约期末将根据实际产出对初始配额量进行调整,核算实际确认配额总量和配额数量。若实际产出小于预期产出,则将对预分配配额数量进行相应的调减;若实际产出等于预期产出,则不进行调整;若实际产出大于预期产出,则将对预分配配额数量进行相应的调增。调整的依据是:碳强度指标不变,实际确认配额=碳强度指标×实际产出。

第三节　深圳碳排放交易试点在配额分配方式上的探索

一、完全采用相对配额方式的碳排放试点

目前,国内几个碳排放市场的配额方式主要采用历史排量绝对配额方式和基准法相对配额方式相结合的混合路径。相比较国内其他碳排放试点,深圳市政府碳排放市场研究团队在走访多个国家的碳市场后,决定在碳配额分配上采用更为彻底的基准制相对配额方式。其方式是:目标排放总量依据国家和广东省下达的相应指标,综合考虑本市对经济发展

的预测,并结合碳减排潜力等因素来制定配额的分配方式。也就是说,抛开绝对减排的绝对分配方式,深圳市试图考虑一种更为平衡的做法,通过有效的信息传递,实现科学、合理的配额分配,使碳减排既能完成总量减排要求又能兼顾经济增长。

为控制碳排放增长,深圳在碳排放交易市场试点开放初期将金属压延与机械设备制造业、塑胶行业、食品饮料业、通信业和印刷业五大行业纳入碳排放交易体系管控范围,基于价值量碳强度指标(万元工业增加值碳排放)的博弈分配方法进行碳配额分配。[①] 深圳碳排放交易市场鼓励企业全程参与。企业在遵守可调整总量的基础上在预分配之后按照产出调整配额。配额总量将与实际产出线性相关,产出增减将直接导致配额数量的相应增减。根据实际产出对配额数量进行核准后,剩余配额数量的变化直接反映单位产出碳排放量的增减,即技术进步的碳排放影响。各行业分配结果显示,企业碳强度均明显下降,对实现“十二五”期间深圳市碳强度下降21%的节能减排目标发挥了重大推动作用。

“十三五”期间,深圳市通过实施控制温室气体排放行动和能源消费总量及强度双控行动等措施,取得了显著的节能减排成果。全市单位GDP二氧化碳排放累计下降26.85%,超额完成“十三五”期间约束性的考核目标。此外,深圳还实现了公共交通、出租车100%纯电动化;新能源汽车保有量约40万辆,居全球城市前列;新建民用建筑100%执行建筑节能和绿色建筑标准,全市绿色建筑总面积超过1.2亿平方米,系统推进绿色交通系统建设,绿色交通出行率达到71%。未来,深圳市将在“十四五”期间以提高降碳为重点战略方向,根据国家下发的《“十四五”节能减排综合工作方案》制定碳排放达峰行动方案,以实现减污降碳的协同效应。

综上所述,深圳市在企业分配碳排放额度上的探索更多考虑企业的参与,即允许、鼓励并引导企业参与配额分配的讨论,在政府与企业、企业

---

① 蒋晶晶,吴长兰,李用,等.深圳碳配额分配中的行业案例分析[J].开放导报,2013,(3):94—98.

与企业之间的反复对策选择中,通过有效的信息传递、共享与交换,实现更为合理的配额分配。具体做法如下:

(1)考虑到企业碳强度与产品属性、经济规模的相关性,根据产品属性将本行业内若干个子行业合并为一个分配部门,然后根据企业规模将企业划分为 2—3 个博弈分配组,进行碳配额分配。在确定各组 2018—2020 年碳排放总量、增加值和碳强度后,对已接受系统分配结果的企业,以 2020 年为基准年,按照年均 10% 的增长率外推 2021—2023 年增加值,按照年均 6.89% 的碳强度下降率外推群组碳强度指标,综合上述因素后计算碳配额总量。

(2)统计局拥有企业 2018—2020 年的历史增加值和碳排放数据,结合"十四五"期间全市碳强度下降目标,确定各博弈组 2021—2023 年的碳强度基准值和碳配额总量。同一组企业配额此消彼长,一家企业分得的配额量多,其他企业分得的配额量就少。

(3)碳排放强度下降是深圳碳排放交易体系的硬性管控指标,碳排放配额是与实际工业增加值相对应的变量。履约期末碳排放交易主管部门将根据企业实际增加值对预分配配额进行调整:当企业实际增加值高于计划分配预测增加值时,根据企业实际的增加值乘以碳强度;当企业的实际增加值低于计划分配预测增加值时,根据企业实际减少的增加值乘以确定的碳强度目标值,从计划分配配额中进行核减。

二、深圳碳排放交易试点实践中存在的问题

(一)工业产值对配额的影响

如前所述,相对配额分配制度照顾了深圳市一些高速增长企业在碳排放上的需求,避免过度伤害企业的积极性,导致企业迁移,使之在完成总体碳减排的要求下保证深圳总体经济增长。但相对配额制度也带来一些问题:

1. 道德风险

企业碳排放配额由工业增加值(主要为工业产值)乘以碳强度而得,

这意味着，如果碳市场上碳价格具有足够的吸引力，在利益的驱使下，企业则可能通过操控财务报表的产值来增加碳配额的分配。

2. 经济周期风险

工业产值本身亦受经济周期影响。当经济周期使企业产品价格迅速下降时，如果产量微小增加，则产值就会迅速下降（即后期所得配额大量减少）。企业配额减少了，但是碳排放却没有减少，这样企业必然会承受较大的减排压力。

(二)碳交易监管尚需改善

深圳市进行碳交易的历史最悠久，其进行碳交易的经验也是最丰富的。深圳市建立的碳交易体系中有不少优点，如其设立的用于维持碳交易市场稳定的资金，对于调控市场价格、对企业进行相关碳交易的培训起到了很好的支持作用，并且针对工业和建筑业的不同，分别设置相应的纳入标准，这很好地增加了参与碳交易的企业数量，从而提高碳交易的二级市场的活跃程度，使日交易量以及交易额保持在高位。但是不可否认在其碳交易中也存在一些问题。在深圳市交易市场上的交易日均价以及日交易量的波动幅度较大，这在很大程度上是由于深圳允许个人以及不在配额管控内的企业参与碳交易造成的。通过查找 7 个试点区域的碳交易政策法规并对它们进行对比，可以发现深圳出台的法规的数量相对较少，并且相关法规对于碳交易的一些细节没有做出明确规定。此外，其监管的措施相对单薄，信息公开工作也不够翔实。

第五章　不同配额分配方式下对单一企业定价的影响分析

前面章节主要从环境经济、低碳发展、排放权交易等宏观政策视角，论述了相关问题的基础理论，对国内外的碳交易分配制度做了简要的阐述。

国外的碳排放权分配制度主要是绝对分配方式，而中国的碳排放交易试点主要采用绝对配额方式与相对配额方式相结合。作为试点之一的深圳更为彻底，采用了相对配额方式。问题来了，不同配额方式是如何影响企业定价以及其碳排放的？

因此，本章和后续章节将重点考虑绝对配额和相对配额两种分配方式下通过线性优化模型，分析单寡头垄断和双寡头垄断情形中的企业最优决策问题，进而探讨不同政府政策对企业决策行为如定价策略、绿色技术选择策略的影响，以及对企业总排放和总收益的影响，由此为政府减排政策的设计和制定提供参考建议。其中第五章重点讨论单一企业定价策略问题，第六章重点分析单一企业绿色技术选择问题，第七章重点探讨双寡头博弈中的定价和绿色技术选择问题。

第一节　模型建构及定价差异分析

首先定义如下参数：

a——产品市场容量；

b——产品需求价格弹性；

p_1——产品价格；

c——单位产品生产成本；

R——企业收益；

e_0——企业目标碳强度系数；

e_1——单位产品碳排放；

p_2——碳配额价格；

A——政府发放给企业的绝对配额数量。

E^*、E^{**}、E^{***}——不同方式下的碳排放量。

假设一家垄断电力企业生产一种产品来满足市场需求。为简化问题，本书将采用广泛应用于定价模型的线性需求模型作为基础模型。市场需求与产品价格符合基本的线性关系，即

$$D = a - b p_1$$

一、不存在碳市场的产品定价模型

企业以收益最大为目标，那么在没有碳市场的情景下（模型 M0），目标函数可表示为：

$$\max R_0 = (p_1 - c) \times (a - b p_1)$$

求解该方程，得到定价的一阶和二阶导数分别为：

$$\frac{dR_0}{dp_1} = a + bc - 2b p_1 ; \frac{d^2 R_0}{dp_1^2} = -2b$$

由于 $\dfrac{d^2 R_0}{dp_1^2}$ 严格小于零，所以在一阶导数等于零的点一定存在最优的价格 p_1^*。令 $\dfrac{dR_0}{dp_1} = 0$，求得

$$p_1^* = \frac{a + bc}{2b}$$

$$E^* = \frac{e(a - bc)}{2}$$

二、绝对配额分配的产品定价模型

在绝对配额分配情景下（模型 M1），企业的收益最大化函数为：

$$\max R_1 = (p_1 - c) \times (a - bp_1) - p_2 [e_1 \times (a - bp_1) - A]$$

求解该方程,可以得到其最优产品价格为:

$$p_1^{**} = \frac{a + bc + be_1 p_2}{2b}$$

三、相对配额分配的产品定价模型

在相对配额分配的产品定价模型(模型 M2)中,实际分配配额的多少很大程度上取决于企业产值与目标碳强度系数,此时企业的收益最大化函数为:

$$\max R_2 = (p_1 - c) \times (a - bp_1) - p_2 [e_1 \times (a - bp_1) - e_0 \times p_1 (a - bp_1)]$$

对上式求一阶和二阶导数可得企业的最优产品定价为:

$$p_1^{***} = \frac{a + bc + p_2 (be_1 + ae_0)}{2b(1 + e_0 p_2)}$$

四、不同配额方式下企业的定价差异分析

根据不同情境下企业的最优定价,我们可以得出以下结论:

结论 1:$p_1^{**} > p_1^*$,$E^{**} < E^*$。

证明:$\because p_1^{**} - p_1^* = \frac{e_1 p_2}{2} > 0$

$\therefore p_1^{**} > p_1^*$,得证。

结论 1 表明:第一,由于模型设定的企业类型为垄断型企业,所以在绝对配额分配方式下其必然会通过提高产品价格来转移排放成本($\frac{e_1 p_2}{2}$);第二,价格的提高会带来产量的减少,同时也减少了企业的碳排放,说明绝对配额控制方式有利于减少碳排放,其碳排放量要小于无碳排放市场下的碳排放量,即 $E^{**} < E^*$。

结论 2:当 $e_1 < ce_0$ 时,$p_1^{***} < p_1^*$,$E^{***} > E^*$;

当 $e_1 \geqslant ce_0$ 时,$p_1^{***} \geqslant p_1^*$,$E^{***} < E^*$。

证明:当 $e_1 < ce_0$ 时,

$$p_1^{***} - p_1^* = \frac{a+bc+p_2(be_1+ae_0)}{2b(1+e_0p_2)} - \frac{a+bc}{2b} = \frac{p_2(e_1-ce_0)}{2(1+e_0p_2)} < 0$$

$\therefore p_1^{***} < p_1^*$。

同理可得,当 $e_1 \geqslant ce_0$ 时,$p_1^{***} \geqslant p_1^*$。

结论 2 表明:第一,在相对配额分配条件下,由于政府是根据企业的产值来分配配额的,且 $p_1 \geqslant c$,因此企业生产单位产品所获得的最小配额为 ce_0。当企业生产单位产品的碳排放(e_1)低于其所获得的相对配额(ce_0)时,企业将通过降低价格、增加产量,出售其盈余配额获利;反之,企业将提高价格、减少产量,从而弥补其排放成本。第二,企业目标碳强度 e_0 的设定非常重要,只有当 $e_0 \leqslant \frac{e_1}{c}$ 时,才能使企业减少碳排放;如果 $e_0 > \frac{e_1}{c}$,则说明政府发放给企业的碳配额超过其履约所需配额量,相当于政府给了企业补贴。第三,如果 e_0 给定,当 $e_1 < ce_0$ 时,说明该企业是低碳排放型企业,它可以从相对配额分配政策中获利;反之,企业则需要从市场上购买配额,这也是碳市场设计的初衷。

结论 3:$p_1^{**} > p_1^{***}$,$E^{**} < E^{***}$。

证明:$\because p_1^{**} - p_1^{***} = \frac{a+bc+be_1p_2}{2b} - \frac{a+bc+p_2(be_1+ae_0)}{2b(1+e_0p_2)} = \frac{e_0p_2(c+e_1p_2)}{2(1+e_0p_2)} > 0$

$\therefore p_1^{**} > p_1^{***}$,得证。

结论 3 表明:企业产品定价越高,其产量和碳排放就越小,这说明配额分配方式对企业的影响也就越大,即绝对配额分配方式比相对配额分配方式对控排企业的约束更强,更有利于垄断型企业减排。因此,企业在绝对配额方式下的碳排放量要小于相对配额方式下的碳排放量。

第二节　不同配额方式下产品定价模型的数值实验

一、垄断企业样本计算

为验证垄断企业在两种不同配额分配方式下的最优定价策略,本书以深圳一家跨国疫苗制造企业为例,分别针对碳配额价格、企业单位产品碳排放和企业目标碳强度系数等总量控制环境下的关键参数做敏感性分析。由于医药行业属于高精尖、进入门槛高的行业,因此可以将所选案例视为类垄断型企业,这与本书理论模型中的企业类型相符。该公司的各指标参数如表 5-1 所示。数值实验是基于 C++开源平台 CodeBlocks 实现的。

表 5-1   参数和赋值

参　数	描　　述	赋　值	单　位
a	市场容量	2.73×10^7	人份
b	需求曲线的斜率(价格弹性)	1.5×10^5	人份/元
c	单位产品生产成本	130	元/人份
p_2	碳配额价格	45	元/吨
e_0	企业目标碳强度系数	4.18×10^{-6}	吨/元
e_1	企业单位产品碳排放	1.18×10^{-3}	吨/人份
A	政府发放给企业的绝对配额数量	5 000	吨

资料来源:各数据参数是根据 2015 履约年度的控排企业基本信息表整理所得。

根据以上参数值,可以计算出 p_1^*、p_1^{**} 和 p_1^{***} 的值分别为 156 元/人份、156.026 元/人份和 156.014 元/人份,$e_1 = 1.18 \times 10^{-3} > ce_0 = 5.43 \times 10^{-4}$。

二、验证结果及拓展分析

(一)价格差异的验证

经计算,发现 $p_1^{**}>p_1^{***}>p_1^*$。

该结果说明,单一垄断企业在绝对配额方式下的定价是高于相对配额方式下的,与前面的模型分析一致。同时,该企业如果采用相对配额方式,则企业的单位碳排放由于超过政府给予的单位产品配额,企业会提高价格,转移成本,减少产量,因此,其定价是小于无碳排放市场下的定价的,即 $p_1^{***}>p_1^*$,亦验证了前面的模型分析结论。

(二)数值实验的拓展分析

在此基础上,我们针对 3 个参数即碳强度、单位碳排放以及碳价(e_0,e_1,p_2)分别设置高低两个水平值,其中,高值(H)代表 1.5 倍的基准值,低值(L)代表 0.5 倍的基准值,共有 $2^3=8$ 组实验。

定义 $\Delta p_1 = p_1^{**}(e_0,e_1,p_2) - p_1^{***}(e_0,e_1,p_2)$,即绝对配额分配方式下的定价和相对配额分配方式下定价的差值,结果分别如图 5-1 和图 5-2 所示。从中可以看出,绝对配额分配方式和相对配额分配方式下企业产品定价的差值(Δp_1)与目标碳强度系数 e_0、单位产品碳排放 e_1 以及碳价 p_2 密切相关。e_0 和 e_1 越大,Δp_1 越大,而且高碳价下的 Δp_1 也更高。

根据以下分析可以得出如下结论:

(1)政府发放给企业的配额越多(e_0 越大),在绝对配额分配方式下,企业的定价不变,但相对配额分配方式下的定价降低,所以两种定价方式的差值增加。

(2)碳价(p_2)越高,企业为转移其碳排放成本而提高价格,减少产量,但在相对配额分配方式下,碳价的影响较绝对配额小(参见 p_1^{**} 和 p_1^{***} 表达式),所以高碳价时不同分配政策对企业定价策略的影响更大。

(3)由于 e_1 越大(企业单位产品碳排放越高),Δp_1 越高,即企业通过

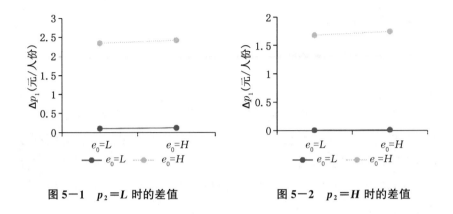

图 5—1　$p_2 = L$ 时的差值　　　　图 5—2　$p_2 = H$ 时的差值

定价导致的产量(总排放)越大,因此政府对排放高的企业应该实施更为严格的控排措施,以达到有效减排的目的。

第三节　小　结

　　本章通过建构基于绝对和相对配额分配方式的控排企业定价策略模型,对比无碳市场、绝对配额分配和相对配额分配三种情境下垄断型企业最优定价策略的差异,得出如下结论:第一,不同的配额分配方式会影响垄断型企业的产品定价策略;第二,在绝对配额分配方式下,更有利于督促垄断型企业进行碳减排,同时控排企业一定会提高其产品价格,转移排放成本;第三,在相对配额分配方式下,企业生产相当于获得了碳补贴,因此定价低于绝对配额分配方式下的定价,产量则高于绝对配额分配方式下的产量,说明对垄断企业而言,绝对配额分配方式更为严格,更有利于减排;同时企业单位产品的碳排放越高、定价的差异越明显,说明政府对高排放企业应该实施更强的管控,而不是排放越高,给予的碳排放权(目标碳强度系数)也越高。

第六章　不同配额方式下对单一企业绿色技术选择及定价的影响分析

本章延续对单一企业在不同配额方式下的定价分析，着重考虑企业绿色技术选择，并进一步探讨不同配额方式下企业的最优定价以及企业选择绿色自净与否的约束条件。

第一节　模型建构

本部分主要考虑单一垄断企业在 C&T 条件下的绿色技术选择和产品定价问题，为使建模方便，定义如下参数：

a——产品市场容量；

b——产品需求价格弹性；

q——产品产量；

p——产品价格（决策变量）；

c——单位产品生产成本，假设 $a-bc>0$，否则市场容量过小，将导致企业最优决策为退出市场；

R——企业收益；

$\bar{e}$——政府分配给企业的相对配额；

e——单位产品碳排放；

p_e——碳配额市场价格；

A——政府分配给企业的绝对配额；

F——绿色技术（green technology,GT）实施成本；

r——实施绿色技术之后的单位产品碳排放下降比例，$0<r<1$；

w——是否实施绿色技术(决策变量),$w=1$ 表示实施,$w=0$ 表示不实施;

E—— 碳排放总量。

企业的目标是确定是否实施绿色技术,以及如何制定产品价格,以最大化收益。

一、不存在碳市场情形下的企业定价模型

为便于分析,我们先考虑不存在碳市场的情形(模型 M0),此时:

$$\max R_0=(p-c)\times(a-bp)$$

$$\text{Subject to } a-bp\geqslant0$$

分别对 p 求一阶和二阶导数,可得:$R'_0=a-bp-b(p-c)$,$R''_0=-2b<0$。因此,企业收益是产品价格的凹函数。令 $R'_0=0$,求得最优定价、最优收益以及碳排放分别为

$$p_0^*=\frac{a+bc}{2b} \tag{1}$$

$$q_0^*=\frac{a-bc}{2} \tag{2}$$

$$R_0^*=\frac{(a-bc)^2}{4b} \tag{3}$$

$$E_0^*=\frac{e(a-bc)}{2} \tag{4}$$

二、绝对配额分配方式下的企业定价模型

考虑绝对配额分配方式(模型 M1),此时有:

(一)不实施绿色技术($w=0$)

$$\max R_{10}=(p-c)\times(a-bp)-p_e[e(a-bp)-A]$$

$$\text{Subject to } a-bp\geqslant0$$

同理可得企业最优定价和最优收益分别为:

$$p_{10}^* = \frac{a + bc + bep_e}{2b} \tag{5}$$

$$q_{10}^* = \frac{a - b(c + ep_e)}{2} \tag{6}$$

$$R_{10}^* = \frac{a^2 - 2ab(c + ep_e) + b[4Ap_e + b(c + ep_e)^2]}{4b}$$

$$= \frac{[a - b(c + ep_e)]^2}{4b} + Ap_e \tag{7}$$

$$E_{10}^* = \frac{e[a - b(c + ep_e)]}{2} \tag{8}$$

(二)实施绿色技术(w=1)

$$\max R_{11} = (p - c)(a - bp) - p_e[e(1 - r)(a - bp) - A] - F$$

$$\text{Subject to } a - bp \geqslant 0$$

可得:

$$p_{11}^* = \frac{a + bc + bep_e(1 - r)}{2b} \tag{9}$$

$$q_{11}^* = \frac{a - b[c + ep_e(1 - r)]}{2} \tag{10}$$

$$R_{11}^* = \frac{\{a - b[c + ep_e(1 - r)]\}^2}{4b} + Ap_e - F \tag{11}$$

$$E_{11}^* = \frac{e(1 - r)\{a - b[c + ep_e(1 - r)]\}}{2} \tag{12}$$

三、相对配额分配方式下的企业定价模型

考虑相对配额分配方式(模型 M2,此时实际配额等于相对配额乘以企业工业增加值,由于工业增加值的计算比较复杂,因此用其主要部分即销售收入代替),此时有:

(一)不实施绿色技术(w=0)

$$\max R_{20} = (p - c)(a - bp) - p_e[e(a - bp) - \bar{e}p(a - bp)]$$

$$Subject\ to\ a-bp \geqslant 0$$

可得企业最优定价和最优收益分别为：

$$p_{20}^* = \frac{a(1+\overline{e}p_e)+b(c+ep_e)}{2b(1+\overline{e}p_e)} \tag{13}$$

$$q_{20}^* = \frac{a(1+\overline{e}p_e)-b(c+ep_e)}{2(1+\overline{e}p_e)} \tag{14}$$

$$R_{20}^* = \frac{[a(1+\overline{e}p_e)-b(c+ep_e)]^2}{4b(1+\overline{e}p_e)} \tag{15}$$

$$E_{20}^* = \frac{e[a(1+\overline{e}p_e)-b(c+ep_e)]}{2(1+\overline{e}p_e)} \tag{16}$$

(二)实施绿色技术($w=1$)

$$\max R_{21} = (p-c)(a-bp)-p_e[e(a-bp)(1-r)-\overline{e}p(a-bp)]-F$$

$$Subject\ to\ a-bp \geqslant 0$$

可得：

$$p_{21}^* = \frac{a(1+\overline{e}p_e)+b[c+ep_e(1-r)]}{2b(1+\overline{e}p_e)} < p_{20}^* \tag{17}$$

$$q_{21}^* = \frac{a(1+\overline{e}p_e)-b[c+ep_e(1-r)]}{2(1+\overline{e}p_e)} \tag{18}$$

$$R_{21}^* = \frac{\{a(1+\overline{e}p_e)-b[c+ep_e(1-r)]\}^2}{4b(1+\overline{e}p_e)} - F \tag{19}$$

$$E_{21}^* = \frac{e(1-r)\{a(1+\overline{e}p_e)-b[c+ep_e(1-r)]\}}{2(1+\overline{e}p_e)} \tag{20}$$

第二节　模型分析及结论

一、考虑绿色技术选择的企业定价差异

在绝对配额分配方式下（根据模型 $M1$），通过定义 ΔR_1 可得企业实施绿色技术的条件：定义 $\Delta R_1 = R_{11}^* - R_{10}^* = \frac{ep_er}{4}[2(a-bc)-bep_e(2-$

$r)]-F$，则当 $\Delta R_1>0$ 时，企业将实施绿色技术，否则不实施。为分析单位产品碳排放 e 对绿色技术选择的影响，ΔR_1 对 e 求二阶导，得 $\dfrac{d^2(\Delta R_1)}{de^2}$

$=-\dfrac{1}{2}bp_e^2(2-r)r<0$，可见 ΔR_1 对 e 而言是开口向下的抛物线。

在相对配额分配方式下(根据模型 $M2$)，通过定义 ΔR_2 可得企业实施绿色技术的条件。定义 $\Delta R_2=R_{21}^*-R_{20}^*=\dfrac{ep_er\,[2(a-bc)-bep_e(2-r)+2a\,\bar{e}p_e]}{4(1+\bar{e}p_e)}-$

F，则当 $\Delta R_2>0$ 时，企业将实施绿色技术，否则不实施。

由此得出结论：

(一)在绝对配额分配方式下，产品最优定价存在以下关系

$$p_{10}^*>p_{11}^*>p_0^*$$

结论表明，绝对配额方式将促使垄断企业提高产品定价转移排放成本，并减少产量以减少碳排放，说明这种配额方式在控制企业排放方面是有效的。企业采用绿色技术后，其产量增加，价格降低，因此比不采取绿色自净时的定价要低。

(二)在相对配额分配方式下，存在以下关系

当 $e>c\bar{e}$ 时，$p_{20}^*>p_0^*$，否则 $p_{20}^*\leqslant p_0^*$；另外，$p_{21}^*=$ $\dfrac{a(1+\bar{e}p_e)+b\,[c+ep_e(1-r)]}{2b(1+\bar{e}p_e)}<p_{20}^*$。

结论表明，相对配额可看成政府给控排企业的补贴，当单位产品碳排放 e 高于补贴 $c\bar{e}$ 时，为弥补排放成本，企业要提高价格；当单位产品碳排放 e 低于补贴 $c\bar{e}$ 时，提高产量反而有更多配额出售，因此企业会降低价格。同样道理，企业采用绿色技术后，其产量增加，价格降低，因此比不采取绿色自净时的定价要低。

(三)无论企业是否采用绿色自净，其都存在以下关系

$$p_{20}^*<p_{10}^*,p_{21}^*<p_{11}^*$$

无论是否采用绿色自净，企业在相对配额分配方式下比在绝对配额分配方式下的定价更低,即相对配额分配方式更为宽松,企业通过定价转移排放成本更少。

二、绿色技术选择的条件分析

(一)绝对配额分配方式下的绿色技术选择

在绝对配额分配方式下,对于给定碳价 $p_e>0$,如果 $F\geqslant\dfrac{(a-bc)^2r}{4b(2-r)}$,则 $\forall e$ 有 $w=0$(即企业不选择绿色自净);如果 $F<\dfrac{(a-bc)^2r}{4b(2-r)}$,则当 $e\in(e_1^{\min},e_1^{\max})$ 时,$w=1$(即企业选择绿色自净),否则 $w=0$,其中

$$e_1^{\min}=\frac{r(a-bc)-\sqrt{r^2(a-bc)^2-4Fbr(2-r)}}{rbp_e(2-r)}$$

$$e_1^{\max}=\frac{r(a-bc)+\sqrt{r^2(a-bc)^2-4Fbr(2-r)}}{rbp_e(2-r)}$$

证明:容易证明当 $F\geqslant\dfrac{(a-bc)^2r}{4b(2-r)}$ 时抛物线 ΔR_1 与横轴 e 最多有一个交点,即 $\Delta R_1\leqslant0$,因此企业的最优决策为不实施绿色技术,即 $w=0$;如果 $F<\dfrac{(a-bc)^2r}{4b(2-r)}$,则抛物线和横轴有两个交点 $e_1^{\min}$ 和 $e_1^{\max}$,且 $e_1^{\max}>e_1^{\min}>0$,因此当 $e\in(e_1^{\min},e_1^{\max})$ 时,$w=1$,否则 $w=0$,命题得证。

同理可得以下推论:在绝对配额分配方式下,对于给定单位产品碳排放 e,当 $F\geqslant\dfrac{(a-bc)^2r}{4b(2-r)}$ 时,$\forall p_e$ 有 $w=0$(即企业不选择绿色自净);如果 $F<\dfrac{(a-bc)^2r}{4b(2-r)}$,则当 $p_e\in(p_{e_1}^{\min},p_{e_1}^{\max})$ 时 $w=1$(即企业选择绿色自净),否则 $w=0$,其中,$p_{e_1}^{\min}=\dfrac{r(a-bc)-\sqrt{r^2(a-bc)^2-4Fbr(2-r)}}{rbe(2-r)}$,$p_{e_1}^{\max}=\dfrac{r(a-bc)+\sqrt{r^2(a-bc)^2-4Fbr(2-r)}}{rbe(2-r)}$。

由此说明在绝对配额分配方式下,绿色技术投资成本过高时将得不

到实施;即便绿色技术成本可接受,也不是所有企业都会实施绿色技术,只有单位产品碳排放处于某一范围的企业才可能实施绿色技术,单位产品碳排放过高或过低的企业(高排企业和环保企业)都不实施绿色技术。其原因在于,单位产品碳排放过高的企业产量过低,导致绿色技术投资收益 $erp_e(a-bp)$ 下降;单位产品碳排放过低的企业由于碳减排有限(排放已经很低),同样导致绿色技术投资收益不足。类似地,碳价过高,使产量过低,进而导致减排量低;碳价过低,则直接使减排收益下降,都不利于绿色技术的实施。由此可见,在绝对配额分配方式下,企业是否实施绿色技术是与购碳成本(如果有碳缺口)或售碳收益(如果有碳剩余)权衡的结果,与政府分配的碳配额数量 A 无直接关系(然而整个区域碳配额分配数量对碳价有影响)。

(二)相对配额分配方式下的绿色技术选择

1. 给定碳价 $p_e>0$,讨论单位碳排放 e 不同取值时的企业绿色技术选择

在相对配额分配方式下,对于给定碳价 $p_e>0$,如果 $F\geqslant\dfrac{r(a-bc+a\bar{e}p_e)^2}{4b(2-r)(1+\bar{e}p_e)}$, $\forall e$ 有 $w=0$(即企业不选择绿色自净);如果 $F<\dfrac{r(a-bc+a\bar{e}p_e)^2}{4b(2-r)(1+\bar{e}p_e)}$,则当 $e\in(e_2^{\min},e_2^{\max})$ 时 $w=1$(即企业选择绿色自净),否则 $w=0$,其中

$$e_2^{\min}=\frac{r(a-bc+a\bar{e}p_e)-\sqrt{r^2(a-bc+a\bar{e}p_e)^2-4bFr(2-r)(1+\bar{e}p_e)}}{bp_e(2-r)r}$$

$$e_2^{\max}=\frac{r(a-bc+a\bar{e}p_e)+\sqrt{r^2(a-bc+a\bar{e}p_e)^2-4bFr(2-r)(1+\bar{e}p_e)}}{bp_e(2-r)r}$$

对于给定碳价 $p_e>0$,在相对配额分配方式下,当满足 $F<\dfrac{r(a-bc+a\bar{e}p_e)^2}{4b(2-r)(1+\bar{e}p_e)}$ 且 $e_2^{\max}>e_{\lim20}$ 时,对于 $e\in(e_{\lim20},e_{\lim2}^{\max})$ 的企业,如果 $w=0$,则 $q=0$;如果 $w=1$,则 $q>0$。其中,$e_{\lim20}=\dfrac{a(1+\bar{e}p_e)-bc}{bp_e}$,$e_{\lim21}=$

$\dfrac{a(1+\bar{e}p_e)-bc}{bp_e(1-r)}$,$e_{\lim20}^{\max}=(e_{\lim21},e_2^{\max})^-$。

2. 给定碳价 $p_e>0$,讨论碳强度 $\bar{e}$ 不同取值时的企业绿色技术选择

相对配额分配方式下,当 $F\leqslant\dfrac{erp_e\left[2(a-bc)-bep_e(2-r)\right]}{4}$ 时,$\forall\bar{e}$

>0 有 $w=1$;当 $F>\dfrac{erp_e\left[2(a-bc)-bep_e(2-r)\right]}{4}$ 时,如果 $\bar{e}>$

$\dfrac{4F-erp_e\left[2(a-bc)-ebp_e(2-r)\right]}{2p_e(aerp_e-2F)}$,则 $w=1$,否则 $w=0$。

证明:ΔR_2 对 $\bar{e}$ 分别求一阶和二阶导数可得,$\dfrac{d\Delta R_2}{d\bar{e}}=$

$\dfrac{ebrp_e^2\left[2c+ep_e(2-r)\right]}{4(1+\bar{e}p_e)^2}>0$,$\dfrac{d^2(\Delta R_2)}{d\bar{e}^2}=-\dfrac{ebrp_e^3\left[2c+ep_e(2-r)\right]}{2(1+\bar{e}p_e)^3}<0$,

因此 ΔR_2 是 $\bar{e}$ 的递增凹函数。当 $F\leqslant\dfrac{erp_e\left[2(a-bc)-bep_e(2-r)\right]}{4}$ 时,

$\forall\bar{e}>0$ 有 $\Delta R_2>0$;当 $F>\dfrac{erp_e\left[2(a-bc)-bep_e(2-r)\right]}{4}$ 时,ΔR_2 与横轴

$(\bar{e})$ 有唯一交点 $\bar{e}_{\lim}=\dfrac{4F-erp_e\left[2(a-bc)-ebp_e(2-r)\right]}{2p_e(aerp_e-2F)}$。命题得证。

以上结论表明,在绝对配额分配方式下碳配额数量大小对绿色技术是否实施没有影响,相对配额分配方式下相对配额的大小将影响企业是否实施绿色技术。针对控排企业,存在临界值 $\bar{e}_{lim}=$ $\dfrac{4F-erp_e\left[2(a-bc)-ebp_e(2-r)\right]}{2p_e(aerp_e-2F)}$,如果分配的相对配额超过该临界值,企业则将选择实施绿色技术。此外,根据上述理论分析结果可知,当 $\bar{e}=0$ 时,$p_{e_2}^{\min}=p_{e_1}^{\min}$,$p_{e_2}^{\max}=p_{e_1}^{\max}$,由于 ΔR_2 是 $\bar{e}$ 的递增函数,因此当 $\bar{e}>0$ 时,有 $p_{e_2}^{\min}<p_{e_1}^{\min}$,$p_{e_2}^{\max}>p_{e_1}^{\max}$,如果绿色技术实施成本满足:

$$F<\left(-\dfrac{er\left\{(a+bc)\bar{e}-be(2-r)+\sqrt{b\left[2a\bar{e}-be(2-r)\right]\left[2c\bar{e}-e(2-r)\right]}\right\}}{2\bar{e}^2},\dfrac{(a-bc)^2r}{4b(2-r)}\right)^-$$

则存在如图 6-1 所示 ΔR 与 p_e 的关系。可以看出,相对配额分配

方式更有利于企业选择绿色技术（碳价在更大范围内可以使实施绿色技术之后企业收益上升）。

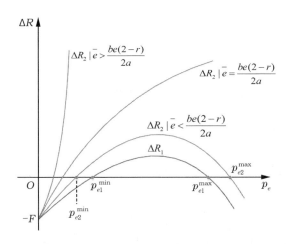

图6—1　ΔR 与 p_e 的关系图

当 $F < \dfrac{(a-bc)^2 r}{4b(2-r)}$ 时，可得到如图6—2所示 ΔR 与 e 的关系，即 $e_2^{\min} < e_1^{\min}$，$e_2^{\max} > e_1^{\max}$。相对配额分配方式下，更多的企业将选择实施绿色技术（e 在更大范围内可以使实施绿色技术之后企业收益上升）。然而，由于相对配额分配方式产品定价更低、产量更高，因此可能导致企业碳排放较绝对配额分配方式下高。

结论说明，对比绝对配额分配方式，相对配额分配方式下实施绿色技术之后的企业可以在更大区间的碳价波动中获益，也就是说，相对配额分配方式允许更多的企业实施绿色技术。同时，相对配额分配方式下实施绿色技术之后的企业可以在更大的单位碳排放区间波动中获益，同样意味着相对配额分配方式更有利于企业实施绿色技术。

3. 相对配额分配方式下，给定单位产品碳排放 e，是否实施绿色技术与相对配额 $\bar{e}$、绿色技术实施成本 F、碳价 p_e 存在以下关系：

（1）当 $\bar{e} > \dfrac{be(2-r)}{2a}$ 时，如果 $p_e > \dfrac{2F\bar{e}-er(a-bc)+\sqrt{[2F\bar{e}-er(a-bc)]^2+4Fer[2a\bar{e}-be(2-r)]}}{er[2a\bar{e}-be(2-r)]}$，

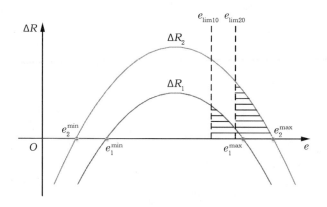

图 6-2　ΔR 与 e 的关系图(阴影部分表示不实施绿色技术,则产量为 0)

则 $w=1$,否则 $w=0$;

(2)当 $\bar{e}=\dfrac{be(2-r)}{2a}$ 时,如果 $F\geqslant\dfrac{ar(a-bc)}{b(2-r)}$,则 $\forall\,p_e$ 有 $w=0$;如果

$F<\dfrac{ar(a-bc)}{b(2-r)}$,则当 $p_e>\dfrac{2aF}{e\,[ar(a-bc)-bF(2-r)]}$ 时,有 $w=1$,否则

$w=0$;

(3)当 $\bar{e}<\dfrac{be(2-r)}{2a}$ 时,如果 $F\geqslant-\dfrac{er\,\{(a+bc)\bar{e}-be(2-r)+\sqrt{b\,[2a\bar{e}-be(2-r)]\,[2c\bar{e}-e(2-r)]}\}}{2\bar{e}^2}$,

则 $\forall\,p_e$ 有 $w=0$;如果 $F<-\dfrac{er\,\{(a+bc)\bar{e}-be(2-r)+\sqrt{b\,[2a\bar{e}-be(2-r)]\,[2c\bar{e}-e(2-r)]}\}}{2\bar{e}^2}$,

则当 $p_e\in(p_{e_2}^{\min},p_{e_2}^{\max})$ 时,$w=1$,否则 $w=0$,其中:

$$p_{e_2}^{\min}=\frac{2F\bar{e}-er(a-bc)+\sqrt{[2F\bar{e}-er(a-bc)]^2+4Fer\,[2a\bar{e}-be(2-r)]}}{er\,[2a\bar{e}-be(2-r)]},$$

$$p_{e_2}^{max}=\frac{2F\bar{e}-er(a-bc)-\sqrt{[2F\bar{e}-er(a-bc)]^2+4Fer\,[2a\bar{e}-be(2-r)]}}{er\,[2a\bar{e}-be(2-r)]}$$

证明:易知当 $p_e=0$ 时,$\Delta R_2=-F$。ΔR_2 对 p_e 分别求一阶和二阶导数可得,

$$\frac{d\Delta R_2}{dp_e}=\frac{er\,\{2a(1+\bar{e}p_e)^2-b\,[2c+ep_e(2-r)(2+\bar{e}p_e)]\}}{4(1+\bar{e}p_e)^2},\frac{d^2(\Delta R_2)}{dp_e^2}$$

$$= \frac{ber\left[2c\bar{e}-e(2-r)\right]}{2(1+\bar{e}p_e)^3}$$

①当 $\bar{e}=\dfrac{e(2-r)}{2c}$ 时，$\dfrac{d^2(\Delta R_2)}{dp_e^2}=0$，$\dfrac{d\Delta R_2}{dp_e}=\dfrac{1}{2}(a-bc)er$，此时 ΔR_2

是一条斜率为正的直线，其与横轴 p_e 有唯一交点 $p_{e2}^{(1)}=\dfrac{2F}{(a-bc)er}$；

②当 $\bar{e}>\dfrac{e(2-r)}{2c}$ 时，$\dfrac{d^2(\Delta R_2)}{dp_e^2}>0$，此时 ΔR_2 是凸函数，定义函数

$y(p_e)=2a(1+\bar{e}p_e)^2-b\left[2c+ep_e(2-r)(2+\bar{e}p_e)\right]$，则 $\dfrac{d\Delta R_2}{dp_e}$ 的正负关

系与 $y(p_e)$ 相同。由于 $\dfrac{d^2y}{dp_e^2}=4a\,\bar{e}^2-2be(2-r)\bar{e}>4a\,\bar{e}^2-4bc\,\bar{e}^2>0$，

$y(p_e)$ 是开口向上的抛物线，可以证明其有两个负根，因此 $\forall\,p_e>0$ 时有

$y>0$，即 ΔR_2 是 p_e 的递增凸函数，可求得其与横轴的唯一交点 $p_{e2}^{(2)}=$

$\dfrac{2F\bar{e}-er(a-bc)+\sqrt{\left[2F\bar{e}-er(a-bc)\right]^2+4Fer\left[2a\bar{e}-be(2-r)\right]}}{er\left[2a\bar{e}-be(2-r)\right]}$，且

容易验证，当 $\bar{e}=\dfrac{e(2-r)}{2c}$ 时，$p_{e2}^{(2)}=p_{e2}^{(1)}$；

③当 $\dfrac{be(2-r)}{2a}<\bar{e}<\dfrac{e(2-r)}{2c}$ 时，类似地可以证明 ΔR_2 是递增凹函数

且与横轴有唯一交点 $p_{e2}^{(2)}$；

④当 $\bar{e}=\dfrac{be(2-r)}{2a}$ 时，$y=2(a-bc)>0$，$\Delta R_2=\dfrac{aer(a-bc)p_e}{2a+be(2-r)p_e}-F$

是 p_e 的递增凹函数，且当 $p_e\to\infty$ 时 $\Delta R_2\to\dfrac{ar(a-bc)}{b(2-r)}-F$，因此，如果 F

$\geqslant\dfrac{ar(a-bc)}{b(2-r)}$，则 ΔR_2 与横轴无交点，即 $\Delta R_2<0$；如果 $F<\dfrac{ar(a-bc)}{b(2-r)}$，

则 ΔR_2 与横轴有唯一交点 $p_{e2}^{(3)}=\dfrac{2aF}{e\left[ar(a-bc)-bF(2-r)\right]}$；

⑤当 $\bar{e}<\dfrac{be(2-r)}{2a}$ 时，y 是开口向下的抛物线，且有一正一负两个根，其

正根为 $p_e^+ = -\dfrac{[2a\bar{e}-be(2-r)]+\sqrt{[2a\bar{e}-be(2-r)]^2-2e(a-bc)[2a\bar{e}-be(2-r)]}}{\bar{e}[2a\bar{e}-be(2-r)]}$，因此 ΔR_2 是先增后减的凹函数，其最大值为 $\Delta R_2(p_e^{\downarrow}) = -\dfrac{er\{(a+bc)\bar{e}-be(2-r)+\sqrt{b[2a\bar{e}-be(2-r)][2c\bar{e}-e(2-r)]}\}}{2\bar{e}^2} - F$，

所以

如果 $F \geqslant -\dfrac{er\{(a+bc)\bar{e}-be(2-r)+\sqrt{b[2a\bar{e}-be(2-r)][2c\bar{e}-e(2-r)]}\}}{2\bar{e}^2}$，则

$\Delta R_2 \leqslant 0$；

如果 $F < -\dfrac{er\{(a+bc)\bar{e}-be(2-r)+\sqrt{b[2a\bar{e}-be(2-r)][2c\bar{e}-e(2-r)]}\}}{2\bar{e}^2}$，则

ΔR_2 有两个正根 $p_{e_2}^{(4)} < p_{e_2}^{(5)}$，其中

$$p_{e_2}^{(4)} = \dfrac{2F\bar{e}-er(a-bc)+\sqrt{[2F\bar{e}-er(a-bc)]^2+4Fer[2a\bar{e}-be(2-r)]}}{er[2a\bar{e}-be(2-r)]}$$

$$p_{e_2}^{(5)} = \dfrac{2F\bar{e}-er(a-bc)-\sqrt{[2F\bar{e}-er(a-bc)]^2+4Fer[2a\bar{e}-be(2-r)]}}{er[2a\bar{e}-be(2-r)]}.$$

综上分析，可得结论，命题得证。

三、实施绿色技术后减排比例大小对碳排放的影响

在绝对配额分配方式下，如果企业有产量，则当 $r > \dfrac{b(c+2ep_e)-a}{ebp_e}$ 时，企业实施绿色技术将导致总排放下降，否则总排放上升。

以上结论可由公式(8)和(12)证明得到。该结论表明，实施绿色技术并不一定导致企业总排放下降，由于实施绿色技术之后产量上升，反而可能带来总排放的增加。

而在相对配额分配方式下，如果企业有产量，则当 $r > \dfrac{b(c+2ep_e)-a(1+\bar{e}p_e)}{ebp_e}$ 时，企业实施绿色技术将导致总排放下降，否则总排放上升。

四、不同配额分配方式下绿色技术选择的碳排放差异

对于给定 e 和碳价 $p_e > 0$，假设企业有产量。

当 $F \geqslant \dfrac{r(a-bc+a\bar{e}p_e)^2}{4b(2-r)(1+\bar{e}p_e)}$ 时，绝对配额分配方式和相对配额分配方式下企业都不做自净，则有 $E_{20}^* > E_{10}^*$；

当 $F < \dfrac{(a-bc)^2 r}{4b(2-r)}$ 时，如果绝对配额分配方式和相对配额分配方式下企业都会做自净，则有 $E_{21}^* > E_{11}^*$；

当 $\dfrac{(a-bc)^2 r}{4b(2-r)} \leqslant F < \dfrac{r(a-bc+a\bar{e}p_e)^2}{4b(2-r)(1+\bar{e}p_e)}$ 时，如果绝对配额分配方式下企业不做自净，相对配额分配方式下企业做自净，且 $r > $

$$\frac{b(c+2ep_e)-a(1+\bar{e}p_e)+\sqrt{[b(c+2ep_e)-a(1+\bar{e}p_e)]^2+4(bp_e)^2\bar{e}e(c+ep_e)}}{2bep_e}$$

则 $E_{21}^* < E_{10}^*$，否则 $E_{21}^* \geqslant E_{10}^*$。

证明：由结论 2 和结论 5 可以推导出不同配额分配方式和绿色技术实施成本下企业实施绿色技术的最优策略。根据结论 6，有 $E_{20}^* - E_{10}^* = e(a-bp_{20}^*) - e(a-bp_{10}^*) = eb(p_{10}^* - p_{20}^*) > 0$，$E_{21}^* - E_{11}^* = e(1-r)(a-bp_{21}^*) - e(1-r)(a-bp_{11}^*) = e(1-r)b(p_{11}^* - p_{21}^*) > 0$，定义 $\Delta E = E_{21}^* - E_{10}^* = e(1-r)(a-bp_{21}^*) - e(a-bp_{10}^*) = \dfrac{e\{r\{b[c+ep_e(2-r)]-a(1+\bar{e}p_e)\}+b\bar{e}p_e(c+ep_e)\}}{2(1+\bar{e}p_e)}$，则 $\dfrac{d^2(\Delta E)}{dr^2}$

$= -\dfrac{be^2 p_e}{1+\bar{e}p_e} < 0$，令 $\Delta E = 0$，可求得 r 的两个根分别为：

$$r_1 = \frac{b(c+2ep_e)-a(1+\bar{e}p_e)-\sqrt{[b(c+2ep_e)-a(1+\bar{e}p_e)]^2+4(bp_e)^2\bar{e}e(c+ep_e)}}{2bep_e} < 0$$

$$r_2 = \frac{b(c+2ep_e)-a(1+\bar{e}p_e)+\sqrt{[b(c+2ep_e)-a(1+\bar{e}p_e)]^2+4(bp_e)^2\bar{e}e(c+ep_e)}}{2bep_e} > 0$$

因此，当 $r > r_2$ 时，$E_{21}^* < E_{10}^*$，否则 $E_{21}^* \geqslant E_{10}^*$。命题得证。

　　结论说明,当绿色技术投资成本高于给定临界值时,如果两种配额分配方式下企业都不做自净,则相对配额方式下的企业总排放量要高于绝对配额方式下的总排放量,当绿色技术投资成本低于给定临界值时,如果两种分配方式下企业都选择做自净,则相对配额方式下企业总排放量也一样高于绝对配额方式下的总排放量。这意味着,单个企业无论选择自净与否,相对配额方式下的企业总碳排放量要比绝对配额方式下的企业总碳排放量多。

第七章　不同配额分配方式下双寡头企业博弈模型分析

前面两章一直讨论的是单个企业的定价策略,本章将在前两章的基础上增加双寡头企业的假设,主要探讨不同配额分配方式下双寡头企业在选择绿色自净与否上的博弈均衡。

值得注意的是,当两个寡头企业在同一市场进行定价时,其价格是统一的,因此本章测算的核心指标是最优均衡产量、利润以及总排放。由于变量较多、计算繁杂,且站在政府角度,其希望企业都能实施绿色技术,以节能减排,提升企业竞争力。因此,第三节的比较分析主要考量的是双寡头企业均采取绿色自净时的博弈均衡,并由博弈均衡的结果分析得出结论。

第一节　绝对配额分配下的双寡头企业博弈模型

一、模型建构

a——价格最大可能取值;

b——产品需求价格弹性;

p——产品价格,$p = a - b(q_1 - q_2)$;

q_1——企业 1 产量;

q_2——企业 2 产量;

c_1——企业 1 生产成本;

c_2——企业 2 生产成本;

e_1——企业 1 单位产品碳排放；

e_2——企业 2 单位产品碳排放；

A_1——企业 1 绝对配额数量；

A_2——企业 2 绝对配额数量；

$\overline{e}_1$——企业 1 相对配额数量；

$\overline{e}_2$——企业 2 相对配额数量；

R_1——企业 1 利润；

R_2——企业 2 利润；

F——绿色技术成本；

r——减排比率；

w——$w=0$ 时，企业不实施绿色技术；$w=1$ 时，企业实施绿色技术；

p_e——碳配额价格。

图 7－1 为双寡头企业在绿色自净决策上的博弈，依次分别有四个象限的均衡结果。下面将分别探讨绝对配额方式以及相对配额方式下得出的不同均衡结果。

		企业 1	
		$w_1=0$	$w_1=1$
企业 2	$w_2=0$	$1R_1^0,R_2^0$	$2R_1^1,R_2^0$
	$w_2=1$	$3R_1^0,R_2^1$	$4R_1^1,R_2^1$

图 7－1　双寡头企业博弈均衡

二、绝对配额方式下博弈模型的均衡分析

当 $w_1=0$ 时，

$$R_1^0=(p-c_1)q_1-p_e(e_1q_1-A_1)$$
$$=\{[a-b(q_1+q_2)]-c_1\}q_1-p_e(e_1q_1-A_1)$$

当 $w_2=0$ 时，

$$R_2^0 = (p-c_2)q_2 - p_e(e_2q_2 - A_2)$$
$$= \{[a-b(q_1+q_2)]-c_2\}q_2 - p_e(e_2q_2 - A_2)$$

当 $w_1=1$ 时，

$$R_1^1 = (p-c_1)q_1 - p_e[e_1q_1(1-r)-A_1] - F$$
$$= \{[a-b(q_1+q_2)]-c_1\}q_1 - p_e[e_1q_1(1-r)-A_1] - F$$

当 $w_2=1$ 时，

$$R_2^1 = (p-c_2)q_2 - p_e[e_2q_2(1-r)-A_2] - F$$
$$= \{[a-b(q_1+q_2)]-c_2\}q_2 - p_e[e_2q_2(1-r)-A_2] - F$$

$$R_1^0 = \{[a-b(q_1+q_2)]-c_1\}q_1 - p_e(e_1q_1 - A_1)$$

$$R_1^{0'}|q_1 = a-c_1-e_1p_e-bq_1-b(q_1+q_2)$$
$$= a-c_1-e_1p_e-bq_2-2bq_1$$

$$R_1^{0''}|q_1 = -2b < 0$$

令 $R_1^{0'}=0$ ，得：

$$q_1^{0*} = \frac{a-c_1-e_1p_e-bq_2}{2b}$$

$$R_1^{0*} = \frac{(c_1-a+e_1p_e+bq_2)^2+4A_1bp_e}{4b}$$

$$R_2^0 = \{[a-b(q_1+q_2)]-c_2\}q_2 - p_e(e_2q_2 - A_2)$$

$$R_2^{0'}|q_2 = a-c_2-e_2p_e-bq_2-b(q_1+q_2)$$
$$= a-c_2-e_2p_e-bq_1-2bq_2$$

$$R_2^{0''}|q_2 = -2b < 0$$

令 $R_2^{0'}=0$,得：

$$q_2^{0*} = \frac{a-c_2-e_2p_e-bq_1}{2b}$$

$$R_2^{0*} = \frac{(c_2-a+e_2p_e+bq_1)^2+4A_2bp_e}{4b}$$

$$R_1^1 = \{[a-b(q_1+q_2)]-c_1\}q_1 - p_e[e_1q_1(1-r)-A_1] - F$$

$$R_1^{1'}|q_1 = a-c_1-e_1p_e(1-r)-bq_1-b(q_1+q_2)$$

$$=a-c_1-e_1p_e(1-r)-2bq_1-bq_2$$

$$R_1^{1''}|q_1=-2b<0$$

令 $R_1^{1'}=0$,得:

$$q_1^{1*}=\frac{a-c_1-e_1p_e(1-r)-bq_2}{2b}$$

$$R_1^{1*}=\frac{[c_1-a+bq_2+e_1p_e(1-r)]^2-4b(F-A_1p_e)}{4b}$$

$$R_2^1=\{[a-b(q_1+q_2)]-c_2\}q_2-p_e[e_2q_2(1-r)-A_2]-F$$

$$R_2^{1'}|q_2=a-c_2-e_2p_e(1-r)-bq_2-b(q_1+q_2)$$

$$=a-c_2-e_2p_e(1-r)-2bq_2-bq_1$$

$$R_2^{1''}|q_2=-2b<0$$

令 $R_2^{1'}=0$,得:

$$q_2^{1*}=\frac{a-c_2-e_2p_e(1-r)-bq_1}{2b}$$

$$R_2^{1*}=\frac{[c_2-a+bq_1+e_2p_e(1-r)]^2-4b(F-A_2p_e)}{4b}$$

(一)第一象限分析

第一象限:企业 1,2 都不使用绿色技术的情况($w_1=0,w_2=0$)。

企业 1 不使用绿色技术时的最优产量是关于 q_2 的函数,

$$q_1^{0*}=\frac{a-c_1-e_1p_e-bq_2}{2b}$$

1. 考虑企业 2 不使用绿色技术的情况($w_2=0$)

$$q_1^{0*}|_{w_2=0}=f(q_2^0)=\frac{a-c_1-e_1p_e-b\cdot\dfrac{a-c_2-e_2p_e-bq_1}{2b}}{2b}$$

$$=\frac{a-2c_1+c_2-p_e(2e_1-e_2)+bq_1}{4b}$$

化简得到:

$$q_1^{0*}|_{w_2=0}=\frac{a-2c_1+c_2-p_e(2e_1-e_2)}{3b}$$

$$R_1^{0*}\big|_{w_2=0}=\frac{[a-2c_1+c_2-p_e(2e_1-e_2)]^2+9A_1bp_e}{9b}$$

比较:

$$q_1^{1*}\big|_{w_2=0}=f(q_2^0)=\frac{a-c_1-e_1p_e(1-r)-b\cdot\dfrac{a-c_2-e_2p_e-bq_1}{2b}}{2b}$$

$$=\frac{a-2c_1+c_2-p_e[2e_1(1-r)-e_2]+bq_1}{4b}$$

化简得到:

$$q_1^{1*}\big|_{w_2=0}=\frac{a-2c_1+c_2-p_e[2e_1(1-r)-e_2]}{3b}$$

$$R_1^{1*}\big|_{w_2=0}=\frac{\{a-2c_1+c_2-p_e[2e_1(1-r)-e_2]\}^2-9b(F-A_1p_e)}{9b}$$

在企业 2 不使用绿色技术的情形($w_2=0$)下,企业 1 使用和不使用绿色技术的收益之差为

$$\Delta R_1\big|_{w_2=0}=R_1^{1*}\big|_{w_2=0}-R_1^{0*}\big|_{w_2=0}$$

$$=\frac{4e_1p_er\{a-2c_1+c_2-p_e[e_1(2-r)-e_2]\}-9bF}{9b}$$

企业 1 和企业 2 在第一象限达到均衡(都不使用绿色技术),企业 1 需要满足条件 $\Delta R_1\big|_{w_2=0}<0$。已知 $9b>0$,则由 $4e_1p_er\{a-2c_1+c_2-p_e[e_1(2-r)-e_2]\}-9bF<0$ 得

$$F>\frac{4e_1p_er\{a-2c_1+c_2-p_e[e_1(2-r)-e_2]\}}{9b}$$

2. 考虑企业 2 使用绿色技术的情况($w_2=1$)

$$q_1^{0*}\big|_{w_2=1}=f(q_2^1)=\frac{a-c_1-e_1p_e-b\cdot\dfrac{a-c_2-e_2p_e(1-r)-bq_1}{2b}}{2b}$$

$$=\frac{a-2c_1+c_2-p_e[2e_1-e_2(1-r)]+bq_1}{4b}$$

化简得到:

$$q_1^{0*}\big|_{w_2=1}=\frac{a-2c_1+c_2-p_e\left[2e_1-e_2(1-r)\right]}{3b}$$

$$R_1^{0*}\big|_{w_2=1}=\frac{\{a-2c_1+c_2-p_e\left[2e_1-e_2(1-r)\right]\}^2+9A_1bp_e}{9b}$$

比较：

$$q_1^{1*}\big|_{w_2=1}=f(q_2^1)=\frac{a-c_1-e_1p_e(1-r)-b\cdot\dfrac{a-c_2-e_2p_e(1-r)-bq_1}{2b}}{2b}$$

$$=\frac{a-2c_1+c_2-p_e(1-r)(2e_1-e_2)+bq_1}{4b}$$

化简得到：

$$q_1^{1*}\big|_{w_2=1}=\frac{a-2c_1+c_2-p_e(1-r)(2e_1-e_2)}{3b}$$

$$R_1^{1*}\big|_{w_2=1}=\frac{[a-2c_1+c_2-p_e(1-r)(2e_1-e_2)]^2-9b(F-A_1p_e)}{9b}$$

在企业 2 使用绿色技术的情形$(w_2=1)$下，企业 1 使用和不使用绿色技术的收益之差为：

$$\Delta R_1\big|_{w_2=1}=R_1^{1*}\big|_{w_2=1}-R_1^{0*}\big|_{w_2=1}$$

$$=\frac{4e_1p_er\{a-2c_1+c_2-p_e\left[e_1(2-r)-e_2(1-r)\right]\}-9bF}{9b}$$

企业 1 和企业 2 在第一象限达到均衡（都不使用绿色技术）。企业 1 需要满足条件 $\Delta R_1\big|_{w_2=0}<0$。已知 $9b>0$，则由 $4e_1p_er\{a-2c_1+c_2-p_e[e_1(2-r)-e_2(1-r)]\}-9bF<0$ 得：

$$F>\frac{4e_1p_er\{a-2c_1+c_2-p_e\left[e_1(2-r)-e_2(1-r)\right]\}}{9b}$$

综上可得，企业 1 和企业 2 在第一象限达到均衡（都不使用绿色技术）。

企业 1 需要满足：

$$F>\frac{4e_1p_er\{a-2c_1+c_2-p_e\left[e_1(2-r)-e_2\right]\}}{9b}$$

因为 $\Delta F = \dfrac{4e_1 p_e r \{a - 2c_1 + c_2 - p_e [e_1(2-r) - e_2]\}}{9b} -$

$\dfrac{4e_1 p_e r \{a - 2c_1 + c_2 - p_e [e_1(2-r) - e_2(1-r)]\}}{9b} - \dfrac{4e_1 e_2 p_e^2 r^2}{9b} > 0$

企业 2 需要满足：

$$F > \frac{4e_2 p_e r \{a - 2c_2 + c_1 - p_e [e_2(2-r) - e_1]\}}{9b}$$

(二)第二象限分析

第二象限:企业 1 使用,企业 2 不使用绿色技术的情况($w_1 = 1, w_2 = 0$)。

1. 对于企业 1

企业 1 使用绿色技术时的最优产量是关于 q_2 的函数,

$$q_1^{1*} = \frac{a - c_1 - e_1 p_e(1-r) - bq_2}{2b}$$

(1)考虑企业 2 不使用绿色技术的情况($w_2 = 0$)

$$q_1^{1*}|_{w_2=0} = f(q_2^0) = \frac{a - c_1 - e_1 p_e(1-r) - b \cdot \dfrac{a - c_2 - e_2 p_e - bq_1}{2b}}{2b}$$

$$= \frac{a - 2c_1 + c_2 - p_e [2e_1(1-r) - e_2] + bq_1}{4b}$$

化简得到：

$$q_1^{1*}|_{w_2=0} = \frac{a - 2c_1 + c_2 - p_e [2e_1(1-r) - e_2]}{3b}$$

$$R_1^{1*}|_{w_2=0} = \frac{\{a - 2c_1 + c_2 - p_e [2e_1(1-r) - e_2]\}^2 - 9b(F - A_1 p_e)}{9b}$$

比较：

$$q_1^{0*}|_{w_2=0} = f(q_2^0) = \frac{a - c_1 - e_1 p_e - b \cdot \dfrac{a - c_2 - e_2 p_e - bq_1}{2b}}{2b}$$

$$= \frac{a - 2c_1 + c_2 - p_e (2e_1 - e_2) + bq_1}{4b}$$

化简得到：

$$q_1^{0*}\big|_{w_2=0}=\frac{a-2c_1+c_2-p_e(2e_1-e_2)}{3b}$$

$$R_1^{0*}\big|_{w_2=0}=\frac{[a-2c_1+c_2-p_e(2e_1-e_2)]^2+9A_1bp_e}{9b}$$

在企业 2 不使用绿色技术的情形（$w_2=0$）下，企业 1 使用和不使用绿色技术的收益之差为：

$$\Delta R_1\big|_{w_2=0}=R_1^{1*}\big|_{w_2=0}-R_1^{0*}\big|_{w_2=0}$$

$$=\frac{4e_1p_er\{a-2c_1+c_2-p_e[e_1(2-r)-e_2]\}-9bF}{9b}$$

企业 1 和企业 2 在第二象限达到均衡[企业 1 使用，企业 2 不使用绿色技术的情况（$w_1=1,w_2=0$）]。企业 1 需要满足条件 $\Delta R_1\big|_{w_2=0}>0$。已知 $9b>0$，则由 $4e_1p_er\{a-2c_1+c_2-p_e[e_1(2-r)-e_2]\}-9bF>0$ 得

$$F<\frac{4e_1p_er\{a-2c_1+c_2-p_e[e_1(2-r)-e_2]\}}{9b}$$

（2）考虑企业 2 使用绿色技术的情况（$w_2=1$）

$$q_1^{1*}\big|_{w_2=1}=f(q_2^1)=\frac{a-c_1-e_1p_e(1-r)-b\cdot\dfrac{a-c_2-e_2p_e(1-r)-bq_1}{2b}}{2b}$$

$$=\frac{a-2c_1+c_2-p_e(1-r)(2e_1-e_2)+bq_1}{4b}$$

化简得到：

$$q_1^{1*}\big|_{w_2=1}=\frac{a-2c_1+c_2-p_e(1-r)(2e_1-e_2)}{3b}$$

$$R_1^{1*}\big|_{w_2=1}=\frac{[a-2c_1+c_2-p_e(1-r)(2e_1-e_2)]^2-9b(F-A_1p_e)}{9b}$$

比较：

$$q_1^{0*}\big|_{w_2=1}=f(q_2^1)=\frac{a-c_1-e_1p_e-b\cdot\dfrac{a-c_2-e_2p_e(1-r)-bq_1}{2b}}{2b}$$

$$= \frac{a - 2c_1 + c_2 - p_e [2e_1 - e_2(1-r)] + bq_1}{4b}$$

化简得到：

$$q_1^{0*}\big|_{w_2=1} = \frac{a - 2c_1 + c_2 - p_e [2e_1 - e_2(1-r)]}{3b}$$

$$R_1^{0*}\big|_{w_2=1} = \frac{\{a - 2c_1 + c_2 - p_e [2e_1 - e_2(1-r)]\}^2 + 9A_1 b p_e}{9b}$$

在企业 2 使用绿色技术的情形（$w_2=1$）下，企业 1 使用和不使用绿色技术的收益之差为：

$$\Delta R_1\big|_{w_2=1} = R_1^{1*}\big|_{w_2=1} - R_1^{0*}\big|_{w_2=1}$$

$$= \frac{4e_1 p_e r\{a - 2c_1 + c_2 - p_e [e_1(2-r) - e_2(1-r)]\} - 9bF}{9b}$$

企业 1 和企业 2 在第二象限达到均衡[企业 1 使用，企业 2 不使用绿色技术的情况（$w_1=1, w_2=0$）]。企业 1 需要满足条件 $\Delta R_1\big|_{w_2=0} > 0$。已知 $9b > 0$，则由 $4e_1 p_e r\{a - 2c_1 + c_2 - p_e [e_1(2-r) - e_2(1-r)]\} - 9bF > 0$ 得：

$$F < \frac{4e_1 p_e r\{a - 2c_1 + c_2 - p_e [e_1(2-r) - e_2(1-r)]\}}{9b}$$

综上可得，企业 1 和企业 2 在第二象限达到均衡[企业 1 使用，企业 2 不使用绿色技术的情况（$w_1=1, w_2=0$）]。

企业 1 需要满足：

$$F < \frac{4e_1 p_e r\{a - 2c_1 + c_2 - p_e [e_1(2-r) - e_2(1-r)]\}}{9b}$$

因为 $\Delta F = \dfrac{4e_1 p_e r\{a - 2c_1 + c_2 - p_e [e_1(2-r) - e_2]\}}{9b} -$

$$\frac{4e_1 p_e r\{a - 2c_1 + c_2 - p_e [e_1(2-r) - e_2(1-r)]\}}{9b} = \frac{4e_1 e_2 p_e^2 r^2}{9b} > 0。$$

2. 对于企业 2

企业 2 不使用绿色技术时的最优产量是关于 q_1 的函数，

$$q_2^{0*} = \frac{a - c_2 - e_2 p_e - b q_1}{2b}$$

（1）考虑企业 1 不使用绿色技术的情况（$w_1 = 0$）

$$q_2^{0*}|_{w_1=0} = f(q_1^0) = \frac{a - c_2 - e_2 p_e - b \cdot \dfrac{a - c_1 - e_1 p_e - b q_2}{2b}}{2b}$$

$$= \frac{a - 2c_2 + c_1 - p_e(2e_2 - e_1) + b q_2}{4b}$$

化简得到：

$$q_2^{0*}|_{w_1=0} = \frac{a - 2c_2 + c_1 - p_e(2e_2 - e_1)}{3b}$$

$$R_2^{0*}|_{w_1=0} = \frac{[a - 2c_2 + c_1 - p_e(2e_2 - e_1)]^2 + 9A_2 b p_e}{9b}$$

比较：

$$q_2^{1*}|_{w_1=0} = f(q_1^0) = \frac{a - c_2 - e_2 p_e(1-r) - b \cdot \dfrac{a - c_1 - e_1 p_e - b q_2}{2b}}{2b}$$

$$= \frac{a - 2c_2 + c_1 - p_e[2e_2(1-r) - e_1] + b q_2}{4b}$$

化简得到：

$$q_2^{1*}|_{w_1=0} = \frac{a - 2c_2 + c_1 - p_e[2e_2(1-r) - e_1]}{3b}$$

$$R_2^{1*}|_{w_1=0} = \frac{\{a - 2c_2 + c_1 - p_e[2e_2(1-r) - e_1]\}^2 - 9b(F - A_2 p_e)}{9b}$$

在企业 1 不使用绿色技术的情形（$w_1 = 0$）下，企业 2 使用和不使用绿色技术的收益之差为：

$$\Delta R_2|_{w_1=0} = R_2^{1*}|_{w_1=0} - R_2^{0*}|_{w_1=0}$$

$$= \frac{4 e_2 p_e r\{a - 2c_2 + c_1 - p_e[e_2(2-r) - e_1]\} - 9bF}{9b}$$

企业 1 和企业 2 在第二象限达到均衡[企业 1 使用，企业 2 不使用绿色技术的情况（$w_1 = 1, w_2 = 0$）]。企业 2 需要满足条件 $\Delta R_2|_{w_1=0} < 0$。

已知 $9b>0$，则由 $4e_2 p_e r\{a-2c_2+c_1-p_e[e_2(2-r)-e_1]\}-9bF<0$ 得：

$$F>\frac{4e_2 p_e r\{a-2c_2+c_1-p_e[e_2(2-r)-e_1]\}}{9b}$$

（2）考虑企业 1 使用绿色技术的情况（$w_1=1$）

$$q_2^{0*}\big|_{w_1=1}=f(q_1^1)=\frac{a-c_2-e_2 p_e-b\cdot\dfrac{a-c_1-e_1 p_e(1-r)-bq_2}{2b}}{2b}$$

$$=\frac{a-2c_2+c_1-p_e[2e_2-e_1(1-r)]+bq_2}{4b}$$

化简得到：

$$q_2^{0*}\big|_{w_1=1}=\frac{a-2c_2+c_1-p_e[2e_2-e_1(1-r)]}{3b}$$

$$R_2^{0*}\big|_{w_1=1}=\frac{\{a-2c_2+c_1-p_e[2e_2-e_1(1-r)]\}^2+9A_2 bp_e}{9b}$$

比较：

$$q_2^{1*}\big|_{w_1=1}=f(q_1^1)=\frac{a-c_2-e_2 p_e(1-r)-b\cdot\dfrac{a-c_1-e_1 p_e(1-r)-bq_2}{2b}}{2b}$$

$$=\frac{a-2c_2+c_1-p_e(1-r)(2e_2-e_1)+bq_2}{4b}$$

化简得到：

$$q_2^{1*}\big|_{w_1=1}=\frac{a-2c_2+c_1-p_e(1-r)(2e_2-e_1)}{3b}$$

$$R_2^{1*}\big|_{w_1=1}=\frac{[a-2c_2+c_1-p_e(1-r)(2e_2-e_1)]^2-9b(F-A_2 p_e)}{9b}$$

在企业 1 使用绿色技术的情形（$w_1=1$）下，企业 2 使用和不使用绿色技术的收益之差为：

$$\Delta R_2\big|_{w_1=1}=R_2^{1*}\big|_{w_1=1}-R_2^{0*}\big|_{w_1=1}$$

$$=\frac{4e_2 p_e r\{a-2c_2+c_1-p_e[e_2(2-r)-e_1(1-r)]\}-9bF}{9b}$$

企业 1 和企业 2 在第二象限达到均衡[企业 1 使用,企业 2 不使用绿色技术的情况($w_1=1,w_2=0$)],企业 2 需要满足条件 $\Delta R_2|_{w_1=0}<0$。已知 $9b>0$,则由 $4e_2p_er\{a-2c_2+c_1-p_e[e_2(2-r)-e_1(1-r)]\}-9bF<0$ 得:

$$F>\frac{4e_2p_er\{a-2c_2+c_1-p_e[e_2(2-r)-e_1(1-r)]\}}{9b}$$

综上可得,企业 1 和企业 2 在第二象限达到均衡[企业 1 使用,企业 2 不使用绿色技术的情况($w_1=1,w_2=0$)]。

企业 2 需要满足:

$$F>\frac{4e_2p_er\{a-2c_2+c_1-p_e[e_2(2-r)-e_1]\}}{9b}$$

因为 $\Delta F=\frac{4e_2p_er\{a-2c_2+c_1-p_e[e_2(2-r)-e_1]\}}{9b}-$

$\frac{4e_2p_er\{a-2c_2+c_1-p_e[e_2(2-r)-e_1(1-r)]\}}{9b}=\frac{4e_2e_1p_e^2r^2}{9b}>0$。

(三)第三象限分析

第三象限:企业 1 不使用,企业 2 使用绿色技术的情况($w_1=0,w_2=1$)。

1. 对于企业 1

企业 1 不使用绿色技术时的最优产量是关于 q_2 的函数:

$$q_1^{0*}=\frac{a-c_1-e_1p_e-bq_2}{2b}$$

(1)考虑企业 2 不使用绿色技术的情况($w_2=0$)

$$q_1^{0*}|_{w_2=0}=f(q_2^0)=\frac{a-c_1-e_1p_e-b\cdot\dfrac{a-c_2-e_2p_e-bq_1}{2b}}{2b}$$

$$=\frac{a-2c_1+c_2-p_e(2e_1-e_2)+bq_1}{4b}$$

化简得到:

$$q_1^{0*}|_{w_2=0}=\frac{a-2c_1+c_2-p_e(2e_1-e_2)}{3b}$$

$$R_1^{0*}|_{w_2=0}=\frac{[a-2c_1+c_2-p_e(2e_1-e_2)]^2+9A_1bp_e}{9b}$$

比较：

$$q_1^{1*}|_{w_2=0}=f(q_2^0)=\frac{a-c_1-e_1p_e(1-r)-b\cdot\dfrac{a-c_2-e_2p_e-bq_1}{2b}}{2b}$$

$$=\frac{a-2c_1+c_2-p_e[2e_1(1-r)-e_2]+bq_1}{4b}$$

化简得到：

$$q_1^{1*}|_{w_2=0}=\frac{a-2c_1+c_2-p_e[2e_1(1-r)-e_2]}{3b}$$

$$R_1^{1*}|_{w_2=0}=\frac{\{a-2c_1+c_2-p_e[2e_1(1-r)-e_2]\}^2-9b(F-A_1p_e)}{9b}$$

在企业 2 不使用绿色技术的情形（$w_2=0$）下，企业 1 使用和不使用绿色技术的收益之差为：

$$\Delta R_1|_{w_2=0}=R_1^{1*}|_{w_2=0}-R_1^{0*}|_{w_2=0}$$

$$=\frac{4e_1p_er\{a-2c_1+c_2-p_e[e_1(2-r)-e_2]\}-9bF}{9b}$$

企业 1 和企业 2 在第三象限达到均衡[企业 1 不使用，企业 2 使用绿色技术的情况（$w_1=0,w_2=1$）]，企业 1 需要满足条件 $\Delta R_1|_{w_2=0}<0$。已知 $9b>0$，则由 $4e_1p_er\{a-2c_1+c_2-p_e[e_1(2-r)-e_2]\}-9bF<0$ 得：

$$F>\frac{4e_1p_er\{a-2c_1+c_2-p_e[e_1(2-r)-e_2]\}}{9b}$$

（2）考虑企业 2 使用绿色技术的情况（$w_2=1$）

$$q_1^{0*}|_{w_2=1}=f(q_2^1)=\frac{a-c_1-e_1p_e-b\cdot\dfrac{a-c_2-e_2p_e(1-r)-bq_1}{2b}}{2b}$$

$$=\frac{a-2c_1+c_2-p_e[2e_1-e_2(1-r)]+bq_1}{4b}$$

化简得到：

$$q_1^{0*}\big|_{w_2=1} = \frac{a-2c_1+c_2-p_e\left[2e_1-e_2(1-r)\right]}{3b}$$

$$R_1^{0*}\big|_{w_2=1} = \frac{\{a-2c_1+c_2-p_e\left[2e_1-e_2(1-r)\right]\}^2+9A_1bp_e}{9b}$$

比较：

$$q_1^{1*}\big|_{w_2=1} = f(q_2^1) = \frac{a-c_1-e_1p_e(1-r)-b\cdot\dfrac{a-c_2-e_2p_e(1-r)-bq_1}{2b}}{2b}$$

$$= \frac{a-2c_1+c_2-p_e(1-r)(2e_1-e_2)+bq_1}{4b}$$

化简得到：

$$q_1^{1*}\big|_{w_2=1} = \frac{a-2c_1+c_2-p_e(1-r)(2e_1-e_2)}{3b}$$

$$R_1^{1*}\big|_{w_2=1} = \frac{\left[a-2c_1+c_2-p_e(1-r)(2e_1-e_2)\right]^2-9b(F-A_1p_e)}{9b}$$

在企业 2 使用绿色技术的情形（$w_2=1$）下，企业 1 使用和不使用绿色技术的收益之差为：

$$\Delta R_1\big|_{w_2=1} = R_1^{1*}\big|_{w_2=1} - R_1^{0*}\big|_{w_2=1}$$

$$= \frac{4e_1p_er\{a-2c_1+c_2-p_e\left[e_1(2-r)-e_2(1-r)\right]\}-9bF}{9b}$$

企业 1 和企业 2 在第三象限达到均衡［企业 1 不使用，企业 2 使用绿色技术的情况（$w_1=0,w_2=1$）］，企业 1 需要满足条件 $\Delta R_1\big|_{w_2=0}<0$。已知 $9b>0$，则由 $4e_1p_er\{a-2c_1+c_2-p_e\left[e_1(2-r)-e_2(1-r)\right]\}-9bF<0$ 得：

$$F>\frac{4e_1p_er\{a-2c_1+c_2-p_e\left[e_1(2-r)-e_2(1-r)\right]\}}{9b}$$

综上可得：

企业 1 和企业 2 在第三象限达到均衡［企业 1 不使用，企业 2 使用绿色技术的情况（$w_1=0,w_2=1$）］。

企业 1 需要满足：

$$F > \frac{4e_1 p_e r \{a - 2c_1 + c_2 - p_e [e_1(2-r) - e_2]\}}{9b}$$

因为 $\Delta F = \dfrac{4e_1 p_e r \{a - 2c_1 + c_2 - p_e [e_1(2-r) - e_2]\}}{9b} -$

$$\frac{4e_1 p_e r \{a - 2c_1 + c_2 - p_e [e_1(2-r) - e_2(1-r)]\}}{9b} = \frac{4e_1 e_2 p_e^2 r^2}{9b} > 0$$

2. 对于企业 2

企业 2 使用绿色技术时的最优产量是关于 q_1 的函数，

$$q_2^{1*} = \frac{a - c_2 - e_2 p_e (1-r) - bq_1}{2b}$$

（1）考虑企业 1 不使用绿色技术的情况（$w_1 = 0$）

$$q_2^{1*}\big|_{w_1=0} = f(q_1^0) = \frac{a - c_2 - e_2 p_e(1-r) - b \cdot \dfrac{a - c_1 - e_1 p_e - bq_2}{2b}}{2b}$$

$$= \frac{a - 2c_2 + c_1 - p_e [2e_2(1-r) - e_1] + bq_2}{4b}$$

化简得到：

$$q_2^{1*}\big|_{w_1=0} = \frac{a - 2c_2 + c_1 - p_e [2e_2(1-r) - e_1]}{3b}$$

$$R_2^{1*}\big|_{w_1=0} = \frac{\{a - 2c_2 + c_1 - p_e [2e_2(1-r) - e_1]\}^2 - 9b(F - A_2 p_e)}{9b}$$

比较：

$$q_2^{0*}\big|_{w_1=0} = f(q_1^0) = \frac{a - c_2 - e_2 p_e - b \cdot \dfrac{a - c_1 - e_1 p_e - bq_2}{2b}}{2b}$$

$$= \frac{a - 2c_2 + c_1 - p_e (2e_2 - e_1) + bq_2}{4b}$$

化简得到：

$$q_2^{0*}\big|_{w_1=0} = \frac{a - 2c_2 + c_1 - p_e (2e_2 - e_1)}{3b}$$

$$R_2^{0*}\big|_{w_1=0}=\frac{[a-2c_2+c_1-p_e(2e_2-e_1)]^2+9A_2bp_e}{9b}$$

在企业 1 不使用绿色技术的情形 $(w_1=0)$ 下,企业 2 使用和不使用绿色技术的收益之差为:

$$\Delta R_2\big|_{w_1=0}=R_2^{1*}\big|_{w_1=0}-R_2^{0*}\big|_{w_1=0}$$

$$=\frac{4e_2p_er\{a-2c_2+c_1-p_e[e_2(2-r)-e_1]\}-9bF}{9b}$$

企业 1 和企业 2 在第三象限达到均衡[企业 1 不使用,企业 2 使用绿色技术的情况 $(w_1=0,w_2=1)$],企业 2 需要满足条件 $\Delta R_2\big|_{w_1=0}>0$。已知 $9b>0$,则由 $4e_2p_er\{a-2c_2+c_1-p_e[e_2(2-r)-e_1]\}-9bF>0$ 得:

$$F<\frac{4e_2p_er\{a-2c_2+c_1-p_e[e_2(2-r)-e_1]\}}{9b}$$

(2)考虑企业 1 使用绿色技术的情况 $(w_1=1)$

$$q_2^{1*}\big|_{w_1=1}=f(q_1^1)=\frac{a-c_2-e_2p_e(1-r)-b\cdot\dfrac{a-c_1-e_1p_e(1-r)-bq_2}{2b}}{2b}$$

$$=\frac{a-2c_2+c_1-p_e(1-r)(2e_2-e_1)+bq_2}{4b}$$

化简得到:

$$q_2^{1*}\big|_{w_1=1}=\frac{a-2c_2+c_1-p_e(1-r)(2e_2-e_1)}{3b}$$

$$R_2^{1*}\big|_{w_1=1}=\frac{[a-2c_2+c_1-p_e(1-r)(2e_2-e_1)]^2-9b(F-A_2p_e)}{9b}$$

比较:

$$q_2^{0*}\big|_{w_1=1}=f(q_1^1)=\frac{a-c_2-e_2p_e-b\cdot\dfrac{a-c_1-e_1p_e(1-r)-bq_2}{2b}}{2b}$$

$$=\frac{a-2c_2+c_1-p_e[2e_2-e_1(1-r)]+bq_2}{4b}$$

化简得到:

$$q_2^{0*}\big|_{w_1=1}=\frac{a-2c_2+c_1-p_e\left[2e_2-e_1(1-r)\right]}{3b}$$

$$R_2^{0*}\big|_{w_1=1}=\frac{\{a-2c_2+c_1-p_e\left[2e_2-e_1(1-r)\right]\}^2+9A_2bp_e}{9b}$$

在企业 1 使用绿色技术的情形$(w_1=1)$下,企业 2 使用和不使用绿色技术的收益之差为:

$$\Delta R_2\big|_{w_1=1}=R_2^{1*}\big|_{w_1=1}-R_2^{0*}\big|_{w_1=1}$$

$$=\frac{4e_2p_er\{a-2c_2+c_1-p_e\left[e_2(2-r)-e_1(1-r)\right]\}-9bF}{9b}$$

企业 1 和企业 2 在第三象限达到均衡[企业 1 不使用,企业 2 使用绿色技术的情况$(w_1=0,w_2=1)$],企业 2 需要满足条件 $\Delta R_2\big|_{w_1=0}>0$。已知 $9b>0$,则由 $4e_2p_er\{a-2c_2+c_1-p_e\left[e_2(2-r)-e_1(1-r)\right]\}-9bF>0$ 得:

$$F<\frac{4e_2p_er\{a-2c_2+c_1-p_e\left[e_2(2-r)-e_1(1-r)\right]\}}{9b}$$

综上可得,企业 1 和企业 2 在第三象限达到均衡[企业 1 不使用,企业 2 使用绿色技术的情况$(w_1=0,w_2=1)$],企业 2 需要满足:

$$F<\frac{4e_2p_er\{a-2c_2+c_1-p_e\left[e_2(2-r)-e_1(1-r)\right]\}}{9b}$$

因 为 $\Delta F=\dfrac{4e_2p_er\{a-2c_2+c_1-p_e\left[e_2(2-r)-e_1\right]\}}{9b}-$

$\dfrac{4e_2p_er\{a-2c_2+c_1-p_e\left[e_2(2-r)-e_1(1-r)\right]\}}{9b}=\dfrac{4e_2e_1p_e^2r^2}{9b}>0$。

(四)第四象限分析

第四象限:企业 1、2 都使用绿色技术的情况$(w_1=1,w_2=1)$。

企业 1 使用绿色技术时的最优产量是关于 q_2 的函数:

$$q_1^{1*}=\frac{a-c_1-e_1p_e(1-r)-bq_2}{2b}$$

1. 考虑企业 2 不使用绿色技术的情况$(w_2=0)$

$$q_1^{1*}\big|_{w_2=0}=f(q_2^0)=\dfrac{a-c_1-e_1p_e(1-r)-b\cdot\dfrac{a-c_2-e_2p_e-bq_1}{2b}}{2b}$$

$$=\dfrac{a-2c_1+c_2-p_e[2e_1(1-r)-e_2]+bq_1}{4b}$$

化简得到：

$$q_1^{1*}\big|_{w_2=0}=\dfrac{a-2c_1+c_2-p_e[2e_1(1-r)-e_2]}{3b}$$

$$R_1^{1*}\big|_{w_2=0}=\dfrac{\{a-2c_1+c_2-p_e[2e_1(1-r)-e_2]\}^2-9b(F-A_1p_e)}{9b}$$

比较：

$$q_1^{0*}\big|_{w_2=0}=f(q_2^0)=\dfrac{a-c_1-e_1p_e-b\cdot\dfrac{a-c_2-e_2p_e-bq_1}{2b}}{2b}$$

$$=\dfrac{a-2c_1+c_2-p_e(2e_1-e_2)+bq_1}{4b}$$

化简得到：

$$q_1^{0*}\big|_{w_2=0}=\dfrac{a-2c_1+c_2-p_e(2e_1-e_2)}{3b}$$

$$R_1^{0*}\big|_{w_2=0}=\dfrac{[a-2c_1+c_2-p_e(2e_1-e_2)]^2+9A_1bp_e}{9b}$$

在企业 2 不使用绿色技术的情形（$w_2=0$）下，企业 1 使用和不使用绿色技术的收益之差为：

$$\Delta R_1\big|_{w_2=0}=R_1^{1*}\big|_{w_2=0}-R_1^{0*}\big|_{w_2=0}$$

$$=\dfrac{4e_1p_er\{a-2c_1+c_2-p_e[e_1(2-r)-e_2]\}-9bF}{9b}$$

企业 1 和企业 2 在第四象限达到均衡（都使用绿色技术），企业 1 需要满足条件 $\Delta R_1\big|_{w_2=0}>0$。已知 $9b>0$，则由 $4e_1p_er\{a-2c_1+c_2-p_e[e_1(2-r)-e_2]\}-9bF>0$ 得：

$$F<\dfrac{4e_1p_er\{a-2c_1+c_2-p_e[e_1(2-r)-e_2]\}}{9b}$$

2. 考虑企业 2 使用绿色技术的情况（$w_2=1$）

$$q_1^{1*}\big|_{w_2=1}=f(q_2^1)=\cfrac{a-c_1-e_1p_e(1-r)-b\cdot\cfrac{a-c_2-e_2p_e(1-r)-bq_1}{2b}}{2b}$$

$$=\frac{a-2c_1+c_2-p_e(1-r)(2e_1-e_2)+bq_1}{4b}$$

化简得到：

$$q_1^{1*}\big|_{w_2=1}=\frac{a-2c_1+c_2-p_e(1-r)(2e_1-e_2)}{3b}$$

$$R_1^{1*}\big|_{w_2=1}=\frac{[a-2c_1+c_2-p_e(1-r)(2e_1-e_2)]^2-9b(F-A_1p_e)}{9b}$$

比较：

$$q_1^{0*}\big|_{w_2=1}=f(q_2^1)=\cfrac{a-c_1-e_1p_e-b\cdot\cfrac{a-c_2-e_2p_e(1-r)-bq_1}{2b}}{2b}$$

$$=\frac{a-2c_1+c_2-p_e[2e_1-e_2(1-r)]+bq_1}{4b}$$

化简得到：

$$q_1^{0*}\big|_{w_2=1}=\frac{a-2c_1+c_2-p_e[2e_1-e_2(1-r)]}{3b}$$

$$R_1^{0*}\big|_{w_2=1}=\frac{\{a-2c_1+c_2-p_e[2e_1-e_2(1-r)]\}^2+9A_1bp_e}{9b}$$

在企业 2 使用绿色技术的情形（$w_2=1$）下，企业 1 使用和不使用绿色技术的收益之差为：

$$\Delta R_1\big|_{w_2=1}=R_1^{1*}\big|_{w_2=1}-R_1^{0*}\big|_{w_2=1}$$

$$=\frac{4e_1p_er\{a-2c_1+c_2-p_e[e_1(2-r)-e_2(1-r)]\}-9bF}{9b}$$

企业 1 和企业 2 在第四象限达到均衡（都使用绿色技术），企业 1 需要满足条件 $\Delta R_1\big|_{w_2=0}>0$。已知 $9b>0$，则由 $4e_1p_er\{a-2c_1+c_2-p_e[e_1(2-r)-e_2(1-r)]\}-9bF>0$ 得：

$$F < \frac{4e_1 p_e r\{a - 2c_1 + c_2 - p_e[e_1(2-r) - e_2(1-r)]\}}{9b}$$

综上可得,企业 1 和企业 2 在第四象限达到均衡(都使用绿色技术)。

企业 1 需要满足:

$$F < \frac{4e_1 p_e r\{a - 2c_1 + c_2 - p_e[e_1(2-r) - e_2(1-r)]\}}{9b},$$ 因为 $\Delta F =$

$$\frac{4e_1 p_e r\{a - 2c_1 + c_2 - p_e[e_1(2-r) - e_2]\}}{9b} -$$

$$\frac{4e_1 p_e r\{a - 2c_1 + c_2 - p_e[e_1(2-r) - e_2(1-r)]\}}{9b} = \frac{4e_1 e_2 p_e^2 r^2}{9b} > 0.$$

企业 2 需要满足:

$$F < \frac{4e_2 p_e r\{a - 2c_2 + c_1 - p_e[e_2(2-r) - e_1(1-r)]\}}{9b}$$

第二节　相对配额分配下的双寡头企业博弈模型

一、模型建构

(一)对于企业 1

$$R_1^0 = (p - c_1)q_1 - p_e(e_1 q_1 - \bar{e}_1 q_1 p)$$
$$= [a - b(q_1 + q_2) - c_1]q_1 - p_e\{e_1 q_1 - \bar{e}_1 q_1 [a - b(q_1 + q_2)]\}$$
$$R_1^1 = (p - c_1)q_1 - p_e[e_1 q_1(1-r) - \bar{e}_1 q_1 p] - F$$
$$= [a - b(q_1 + q_2) - c_1]q_1 - p_e\{e_1 q_1(1-r) - \bar{e}_1 q_1 [a - b(q_1 + q_2)]\} - F$$

(二)对于企业 2

$$R_2^0 = (p - c_2)q_2 - p_e(e_2 q_2 - \bar{e}_2 q_2 p)$$
$$= [a - b(q_1 + q_2) - c_2]q_2 - p_e\{e_2 q_2 - \bar{e}_2 q_2 [a - b(q_1 + q_2)]\}$$
$$R_2^1 = (p - c_2)q_2 - p_e[e_2 q_2(1-r) - \bar{e}_2 q_2 p] - F$$

$$= [a-b(q_1+q_2)-c_2]q_2 - p_e\{e_2q_2(1-r)-\bar{e}_2q_2[a-b(q_1+q_2)]\}-F$$

$$R_1^0 = [a-b(q_1+q_2)-c_1]q_1 - p_e\{e_1q_1-\bar{e}_1q_1[a-b(q_1+q_2)]\}$$

$$R_1^{0'} \mid q_1 = a-c_1-bq_1-b(q_1+q_2)-p_e\{e_1+b\bar{e}_1q_1-\bar{e}_1[a-b(q_1+q_2)]\}$$

$$R_1^{0''} \mid q_1 = -2b-2b\bar{e}_1p_e = -2b(1+\bar{e}_1p_e) < 0$$

令 $R_1^{0'}=0$,得:

$$q_1^{0*} = \frac{a-c_1-e_1p_e+a\bar{e}_1p_e-bq_2(1+\bar{e}_1p_e)}{2b(1+\bar{e}_1p_e)}$$

$$R_1^{0*} = \frac{[c_1+e_1p_e+(1+\bar{e}_1p_e)(bq_2-a)]^2}{4b(1+\bar{e}_1p_e)}$$

$$R_1^1 = [a-b(q_1+q_2)-c_1]q_1 - p_e\{e_1q_1(1-r)-\bar{e}_1q_1[a-b(q_1+q_2)]\}-F$$

$$R_1^{1'} \mid q_1 = a-c_1-bq_1-b(q_1+q_2)-p_e\{e_1(1-r)+b\bar{e}_1q_1-\bar{e}_1[a-b(q_1+q_2)]\}$$

$$R_1^{1''} \mid q_1 = -2b-2b\bar{e}_1p_e = -2b(1+\bar{e}_1p_e) < 0$$

令 $R_1^{1'}=0$,得:

$$q_1^{1*} = \frac{a-c_1-e_1p_e(1-r)+a\bar{e}_1p_e-bq_2(1+\bar{e}_1p_e)}{2b(1+\bar{e}_1p_e)}$$

$$R_1^{1*} = \frac{[c_1+e_1p_e(1-r)+(1+\bar{e}_1p_e)(bq_2-a)]^2-4bF(1+\bar{e}_1p_e)}{4b(1+\bar{e}_1p_e)}$$

$$R_2^0 = [a-b(q_1+q_2)-c_2]q_2 - p_e\{e_2q_2-\bar{e}_2q_2[a-b(q_1+q_2)]\}$$

$$R_2^{0'} \mid q_2 = a-c_2-bq_2-b(q_1+q_2)-p_e\{e_2+b\bar{e}_2q_2-\bar{e}_2[a-b(q_1+q_2)]\}$$

$$R_2^{0''} \mid q_2 = -2b-2b\bar{e}_2p_e = -2b(1+\bar{e}_2p_e) < 0$$

令 $R_2^{0'}=0$,得,

$$q_2^{0*} = \frac{a-c_2-e_2p_e+a\bar{e}_2p_e-bq_1(1+\bar{e}_2p_e)}{2b(1+\bar{e}_2p_e)}$$

$$R_2^{0*} = \frac{[c_2 + e_2 p_e + (1 + \bar{e}_2 p_e)(bq_1 - a)]^2}{4b(1 + \bar{e}_2 p_e)}$$

$$R_2^1 = [a - b(q_1 + q_2) - c_2]q_2 - p_e\{e_2 q_2(1-r) - \bar{e}_2 q_2[a - b(q_1 + q_2)]\} - F$$

$$R_2^{1'}|q_2 = a - c_2 - bq_2 - b(q_1 + q_2) - p_e\{e_2(1-r) + b\bar{e}_2 q_2 - \bar{e}_2[a - b(q_1 + q_2)]\}$$

$$R_2^{1''}|q_2 = -2b - 2b\bar{e}_2 p_e = -2b(1 + \bar{e}_2 p_e) < 0$$

令 $R_2^{1'} = 0$, 得

$$q_2^{1*} = \frac{a - c_2 - e_2 p_e(1-r) + a\bar{e}_2 p_e - bq_1(1 + \bar{e}_2 p_e)}{2b(1 + \bar{e}_2 p_e)}$$

$$R_2^{1*} = \frac{[c_2 + e_2 p_e(1-r) + (1 + \bar{e}_2 p_e)(bq_1 - a)]^2 - 4bF(1 + \bar{e}_2 p_e)}{4b(1 + \bar{e}_2 p_e)}$$

二、相对配额方式下博弈模型的均衡分析

前面第一节已经将绝对配额方式下的博弈分析做了详细的模型推导。考虑到模型的重复性,相对配额模型部分只做第四象限的分析。并且站在政府角度,希望企业都能实施绿色技术,以节能减排,提升企业竞争力,即双方博弈均衡为第四象限($w_1 = w_2 = 1$)。

第四象限分析:企业1、2都使用绿色技术的情况($w_1 = 1, w_2 = 1$)。

企业1使用绿色技术时的最优产量是关于 q_2 的函数,

$$q_1^{1*} = \frac{a - c_1 - e_1 p_e(1-r) + a\bar{e}_1 p_e - bq_2(1 + \bar{e}_1 p_e)}{2b(1 + \bar{e}_1 p_e)}$$

(一)考虑企业2不使用绿色技术的情况($w_2 = 0$)

$$q_1^{1*}|_{w_2 = 0} = f(q_2^0)$$

$$= \frac{a - c_1 - e_1 p_e(1-r) + a\bar{e}_1 p_e - b \cdot \frac{a - c_2 - e_2 p_e + a\bar{e}_2 p_e - bq_1(1 + \bar{e}_2 p_e)}{2b(1 + \bar{e}_2 p_e)}(1 + \bar{e}_1 p_e)}{2b(1 + \bar{e}_1 p_e)}$$

化简得到:

$q_1^{1*}\big|_{w_2=0}$

$$=\frac{-2c_1+c_2+a(1+\bar{e}_1p_e)(1+\bar{e}_2p_e)+p_e\left[c_2\bar{e}_1-2c_1\bar{e}_2+e_2(1+\bar{e}_1p_e)-2e_1(1+\bar{e}_2p_e)(1-r)\right]}{3b(1+\bar{e}_1p_e)(1+\bar{e}_2p_e)}$$

$R_1^{1*}\big|_{w_2=0}$

$$=\frac{\{-2c_1+c_2+a(1+\bar{e}_1p_e)(1+\bar{e}_2p_e)+p_e\left[c_2\bar{e}_1-2c_1\bar{e}_2+e_2(1+\bar{e}_1p_e)-2e_1(1+\bar{e}_2p_e)(1-r)\right]\}^2-9bF(1+\bar{e}_1p_e)(1+\bar{e}_2p_e)^2}{9b(1+\bar{e}_1p_e)(1+\bar{e}_2p_e)^2}$$

比较:

$q_1^{0*}\big|_{w_2=0}=f(q_2^0)$

$$=\frac{a-c_1-e_1p_e+a\bar{e}_1p_e-b\cdot\dfrac{a-c_2-e_2p_e+a\bar{e}_2p_e-bq_1(1+\bar{e}_2p_e)}{2b(1+\bar{e}_2p_e)}(1+\bar{e}_1p_e)}{2b(1+\bar{e}_1p_e)}$$

化简得到:

$q_1^{0*}\big|_{w_2=0}$

$$=\frac{-2c_1+c_2+a(1+\bar{e}_1p_e)(1+\bar{e}_2p_e)+p_e[c_2\bar{e}_1-2c_1\bar{e}_2+e_2(1+\bar{e}_1p_e)-2e_1(1+\bar{e}_2p_e)]}{3b(1+\bar{e}_1p_e)(1+\bar{e}_2p_e)}$$

$R_1^{0*}\big|_{w_2=0}$

$$=\frac{\{-2c_1+c_2+a(1+\bar{e}_1p_e)(1+\bar{e}_2p_e)+p_e\left[c_2\bar{e}_1-2c_1\bar{e}_2+e_2(1+\bar{e}_1p_e)-2e_1(1+\bar{e}_2p_e)\right]\}^2}{9b(1+\bar{e}_1p_e)(1+\bar{e}_2p_e)^2}$$

在企业 2 不使用绿色技术的情形($w_2=0$)下,企业 1 使用和不使用绿色技术的收益之差为:

$\Delta R_1\big|_{w_2=0}=R_1^{1*}\big|_{w_2=0}-R_1^{0*}\big|_{w_2=0}$

$$=\frac{4e_1p_er\{-2c_1+c_2+a(1+\bar{e}_1p_e)(1+\bar{e}_2p_e)+p_e[c_2\bar{e}_1-2c_1\bar{e}_2+e_2(1+\bar{e}_1p_e)-e_1(1+\bar{e}_2p_e)(2-r)]\}-9bF(1+\bar{e}_1p_e)(1+\bar{e}_2p_e)}{9b(1+\bar{e}_1p_e)(1+\bar{e}_2p_e)}$$

企业 1 和企业 2 在第四象限达到均衡(都使用绿色技术),企业 1 需要满足条件 $\Delta R_1\big|_{w_2=0}>0$。已知 $9b(1+\bar{e}_1p_e)(1+\bar{e}_2p_e)>0$,则由 $4e_1p_er\{-2c_1+c_2+a(1+\bar{e}_1p_e)(1+\bar{e}_2p_e)+p_e[c_2\bar{e}_1-2c_1\bar{e}_2+e_2(1+\bar{e}_1p_e)-e_1(1+\bar{e}_2p_e)(2-r)]\}-9bF(1+\bar{e}_1p_e)(1+\bar{e}_2p_e)>0$,得

$$F<\frac{4e_1p_er\{-2c_1+c_2+a(1+\bar{e}_1p_e)(1+\bar{e}_2p_e)+p_e[c_2\bar{e}_1-2c_1\bar{e}_2+e_2(1+\bar{e}_1p_e)-e_1(1+\bar{e}_2p_e)(2-r)]\}}{9b(1+\bar{e}_1p_e)(1+\bar{e}_2p_e)} \tag{1}$$

(二)考虑企业 2 使用绿色技术的情况($w_2 = 1$)

$$q_1^{1*}\big|_{w_2=1} = f(q_2^1)$$

$$= \frac{a - c_1 - e_1 p_e(1-r) + \overline{ae}_1 p_e - b \cdot \dfrac{a - c_2 - e_2 p_e(1-r) + \overline{ae}_2 p_e - bq_1(1+\overline{e}_2 p_e)}{2b(1+\overline{e}_2 p_e)} \cdot (1+\overline{e}_1 p_e)}{2b(1+\overline{e}_1 p_e)}$$

化简得到：

$$q_1^{1*}\big|_{w_2=1}$$

$$= \frac{-2c_1 + c_2 + a(1+\overline{e}_1 p_e)(1+\overline{e}_2 p_e) + p_e \left[c_2 \overline{e}_1 - 2c_1 \overline{e}_2 + e_2(1+\overline{e}_1 p_e)(1-r) - 2e_1(1+\overline{e}_2 p_e)(1-r)\right]}{3b(1+\overline{e}_1 p_e)(1+\overline{e}_2 p_e)}$$

$$R_1^{1*}\big|_{w_2=1}$$

$$= \frac{\left\{-2c_1 + c_2 + a(1+\overline{e}_1 p_e)(1+\overline{e}_2 p_e) + p_e \left[c_2 \overline{e}_1 - 2c_1 \overline{e}_2 + e_2(1+\overline{e}_1 p_e)(1-r) - 2e_1(1+\overline{e}_2 p_e)(1-r)\right]\right\}^2 - 9bF(1+\overline{e}_1 p_e)(1+\overline{e}_2 p_e)^2}{9b(1+\overline{e}_1 p_e)(1+\overline{e}_2 p_e)^2}$$

比较：

$$q_1^{0*}\big|_{w_2=1} = f(q_2^1)$$

$$= \frac{a - c_1 - e_1 p_e + \overline{ae}_1 p_e - b \cdot \dfrac{a - c_2 - e_2 p_e(1-r) + \overline{ae}_2 p_e - bq_1(1+\overline{e}_2 p_e)}{2b(1+\overline{e}_2 p_e)} \cdot (1+\overline{e}_1 p_e)}{2b(1+\overline{e}_1 p_e)}$$

化简得到：

$$q_1^{0*}\big|_{w_2=1}$$

$$= \frac{-2c_1 + c_2 + a(1+\overline{e}_1 p_e)(1+\overline{e}_2 p_e) + p_e\left[c_2 \overline{e}_1 - 2c_1 \overline{e}_2 + e_2(1+\overline{e}_1 p_e)(1-r) - 2e_1(1+\overline{e}_2 p_e)\right]}{3b(1+\overline{e}_1 p_e)(1+\overline{e}_2 p_e)}$$

$$R_1^{0*}\big|_{w_2=1}$$

$$= \frac{\left\{-2c_1 + c_2 + a(1+\overline{e}_1 p_e)(1+\overline{e}_2 p_e) + p_e\left[c_2 \overline{e}_1 - 2c_1 \overline{e}_2 + e_2(1+\overline{e}_1 p_e)(1-r) - 2e_1(1+\overline{e}_2 p_e)\right]\right\}^2}{9b(1+\overline{e}_1 p_e)(1+\overline{e}_2 p_e)^2}$$

在企业 2 使用绿色技术的情形($w_2 = 1$)下，企业 1 使用和不使用绿色技术的收益之差为：

$$\Delta R_1\big|_{w_2=1} = R_1^{1*}\big|_{w_2=1} - R_1^{0*}\big|_{w_2=1}$$

$$= \frac{4e_1 p_e\left\{-2c_1 + c_2 + a(1+\overline{e}_1 p_e)(1+\overline{e}_2 p_e) + p_e\left[c_2 \overline{e}_1 - 2c_1 \overline{e}_2 + e_2(1+\overline{e}_1 p_e)(1-r) - e_1(1+\overline{e}_2 p_e)(2-r)\right]\right\} - 9bF(1+\overline{e}_1 p_e)(1+\overline{e}_2 p_e)}{9b(1+\overline{e}_1 p_e)(1+\overline{e}_2 p_e)}$$

企业 1 和企业 2 在第四象限达到均衡（都使用绿色技术），企业 1 需要满足条件 $\Delta R_1|_{w_2=1}>0$。已知 $9b(1+\bar{e}_1p_e)(1+\bar{e}_2p_e)>0$，则由 $4e_1p_er\{-2c_1+c_2+a(1+\bar{e}_1p_e)(1+\bar{e}_2p_e)+p_e[c_2\bar{e}_1-2c_1\bar{e}_2+e_2(1+\bar{e}_1p_e)(1-r)-e_1(1+\bar{e}_2p_e)(2-r)]\}-9bF(1+\bar{e}_1p_e)(1+\bar{e}_2p_e)$，得：

$$F<\frac{4e_1p_er\{-2c_1+c_2+a(1+\bar{e}_1p_e)(1+\bar{e}_2p_e)+p_e[c_2\bar{e}_1-2c_1\bar{e}_2+e_2(1+\bar{e}_1p_e)(1-r)-e_1(1+\bar{e}_2p_e)(2-r)]\}}{9b(1+\bar{e}_1p_e)(1+\bar{e}_2p_e)} \quad (2)$$

综上可得，企业 1 和企业 2 在第四象限达到均衡（都使用绿色技术）。

企业 1 需要满足：

$$F_1<\frac{4e_1p_er\{-2c_1+c_2+a(1+\bar{e}_1p_e)(1+\bar{e}_2p_e)+p_e[c_2\bar{e}_1-2c_1\bar{e}_2+e_2(1+\bar{e}_1p_e)(1-r)-e_1(1+\bar{e}_2p_e)(2-r)]\}}{9b(1+\bar{e}_1p_e)(1+\bar{e}_2p_e)} \quad (3)$$

$$\Delta F$$

$$=\frac{4e_1p_er\{-2c_1+c_2+a(1+\bar{e}_1p_e)(1+\bar{e}_2p_e)+p_e[c_2\bar{e}_1-2c_1\bar{e}_2+e_2(1+\bar{e}_1p_e)-e_1(1+\bar{e}_2p_e)(2-r)]\}}{9b(1+\bar{e}_1p_e)(1+\bar{e}_2p_e)}$$

$$-\frac{4e_1p_er\{-2c_1+c_2+a(1+\bar{e}_1p_e)(1+\bar{e}_2p_e)+p_e[c_2\bar{e}_1-2c_1\bar{e}_2+e_2(1+\bar{e}_1p_e)(1-r)-e_1(1+\bar{e}_2p_e)(2-r)]\}}{9b(1+\bar{e}_1p_e)(1+\bar{e}_2p_e)}$$

$$=\frac{4e_1e_2p_e^2r^2}{9b(1+\bar{e}_2p_e)}>0$$

企业 2 需要满足：

$$F_2<\frac{4e_2p_er\{-2c_2+c_1+a(1+\bar{e}_1p_e)(1+\bar{e}_2p_e)+p_e[c_1\bar{e}_2-2c_2\bar{e}_1+e_1(1+\bar{e}_2p_e)(1-r)-e_2(1+\bar{e}_1p_e)(2-r)]\}}{9b(1+\bar{e}_1p_e)(1+\bar{e}_2p_e)} \quad (4)$$

比较（3）、（4）两式

$$\frac{4e_1p_er\{-2c_1+c_2+a(1+\bar{e}_1p_e)(1+\bar{e}_2p_e)+p_e[c_2\bar{e}_1-2c_1\bar{e}_2+e_2(1+\bar{e}_1p_e)(1-r)-e_1(1+\bar{e}_2p_e)(2-r)]\}}{9b(1+\bar{e}_1p_e)(1+\bar{e}_2p_e)}$$

$$-\frac{4e_2p_er\{-2c_2+c_1+a(1+\bar{e}_1p_e)(1+\bar{e}_2p_e)+p_e[c_1\bar{e}_2-2c_2\bar{e}_1+e_1(1+\bar{e}_2p_e)(1-r)-e_2(1+\bar{e}_1p_e)(2-r)]\}}{9b(1+\bar{e}_1p_e)(1+\bar{e}_2p_e)}$$

$$=\frac{4p_er}{9b(1+\bar{e}_1p_e)(1+\bar{e}_2p_e)}\{c_2(e_1+2e_2)(1+\bar{e}_1p_e)-c_1(e_2+2e_1)(1+\bar{e}_2p_e)+a(e_1-e_2)(1+\bar{e}_1p_e)(1+\bar{e}_2p_e)+$$

$$p_e(2-r)\left[e_1{}^2(1+\bar{e}_2p_e)-e_2{}^2(1+\bar{e}_1p_e)\right]+e_1e_2\,p_e{}^2(\bar{e}_1-\bar{e}_2)(1-r)\}$$

可以知道 $\dfrac{4p_er}{9b(1+\bar{e}_1p_e)(1+\bar{e}_2p_e)}>0$，令

$$f(r)=c_2(e_1+2e_2)(1+\bar{e}_1p_e)-c_1(e_2+2e_1)(1+\bar{e}_2p_e)+a(e_1-e_2)$$
$$(1+\bar{e}_1p_e)(1+\bar{e}_2p_e)+p_e(2-r)\left[e_1{}^2(1+\bar{e}_2p_e)-e_2{}^2(1+\bar{e}_1p_e)\right]+e_1e_2$$
$$p_e{}^2(\bar{e}_1-\bar{e}_2)(1-r)$$

当 $f(r)=0$ 时，$F_1=F_2$，此时

$$r=\frac{c_1(e_2+2e_1)(1+\bar{e}_2p_e)-c_2(e_1+2e_2)(1+\bar{e}_1p_e)-a(e_1-e_2)(1+\bar{e}_1p_e)(1+\bar{e}_2p_e)+p_e[e_1e_2p_e(\bar{e}_2-\bar{e}_1)-2e_2{}^2(1+\bar{e}_1p_e)+2e_1{}^2(1+\bar{e}_2p_e)]}{(e_1-e_2)p_e[e_1(1+\bar{e}_2p_e)+e_2(1+\bar{e}_1p_e)]}$$

当 $f(r)>0$ 时，$F_1>F_2$，此时

$$r>\frac{c_1(e_2+2e_1)(1+\bar{e}_2p_e)-c_2(e_1+2e_2)(1+\bar{e}_1p_e)-a(e_1-e_2)(1+\bar{e}_1p_e)(1+\bar{e}_2p_e)+p_e[e_1e_2p_e(\bar{e}_2-\bar{e}_1)-2e_2{}^2(1+\bar{e}_1p_e)+2e_1{}^2(1+\bar{e}_2p_e)]}{(e_1-e_2)p_e[e_1(1+\bar{e}_2p_e)+e_2(1+\bar{e}_1p_e)]}$$

当 $f(r)<0$ 时，$F_1<F_2$，此时

$$r>\frac{c_1(e_2+2e_1)(1+\bar{e}_2p_e)-c_2(e_1+2e_2)(1+\bar{e}_1p_e)-a(e_1-e_2)(1+\bar{e}_1p_e)(1+\bar{e}_2p_e)+p_e[e_1e_2p_e(\bar{e}_2-\bar{e}_1)-2e_2{}^2(1+\bar{e}_1p_e)+2e_1{}^2(1+\bar{e}_2p_e)]}{(e_1-e_2)p_e[e_1(1+\bar{e}_2p_e)+e_2(1+\bar{e}_1p_e)]}$$

第三节　相对与绝对配额双寡头博弈模型的比较分析

上节模型讲到，站在政府角度，希望企业都能实施绿色技术以节能减排，提升企业竞争力，因此，本节着重在两种分配方式下双方博弈均衡为第四象限（$w_1=w_2=1$ 都采用绿色选择）进行比较分析。

在绝对配额模型中，我们发现配额量并不影响企业的最优博弈产量，仅影响各自企业的最大利润，而在相对配额模型中，企业相对配额数量 $\bar{e}_i$ 不仅影响企业的最优博弈产量，而且影响最优碳排放量。因此，本部分将重点从不考虑碳排放市场的双寡头均衡逐步演进至相对配额方式下的双寡头均衡，进一步分析不同模型下的碳排放变动模式，从而为下一章的政策提供理论依据。

参数和上述第一节保持一致。

一、双寡头模型回顾

我们先来考虑没有碳市场情形下的双寡头博弈模型：

(一)对于企业 1

$$R_1 = (p - c_1)q_1$$

$$p = a - b(q_1 + q_2)$$

我们需要在给定 q_2 的情况下最大化 q_1，由重要不等式，从而有 $a - b(q_1 + q_2) - c_1 = bq_1$。

(二)对于企业 2

$$R_2 = (p - c_2)q_2$$

$$p = a - b(q_1 + q_2)$$

我们需要在给定 q_1 的情况下最大化 q_2，有 $a - b(q_1 + q_2) - c_2 = bq_2$，从而我们可以得到如下均衡解：

$$p^* = \frac{a + c_1 + c_2}{3}$$

$$q_1^* = \frac{a + c_2 - 2c_1}{3b}$$

$$q_2^* = \frac{a + c_1 - 2c_2}{3b}$$

$$E_1^* = e_1 q_1^* = e_1 \cdot \frac{a + c_2 - 2c_1}{3b}$$

$$E_2^* = e_2 q_2^* = e_2 \cdot \frac{a + c_1 - 2c_2}{3b}$$

$$E^* = E_1^* + E_2^* = e_1 q_1^* - e_2 q_2^*$$

$$R_1^* = p^* q_1^* = \frac{(p^* - c_1)^2}{3} = b(q_1^*)^2$$

$$R_2^* = p^* q_2^* = \frac{(p^* - c_2)^2}{3} = b(q_2^*)^2$$

从上述论述可以得到，在绝对配额下双寡头博弈均采取绿色技术的

最优均衡产量及碳排放量:

$$q_{A_1}^* = q_1^* + \frac{P_e(1-r)(e_2 - 2e_1)}{3b}$$

$$q_{A_2}^* = q_2^* + \frac{P_e(1-r)(e_1 - 2e_2)}{3b}$$

$$p_A^* = p^* + \frac{P_e(1-r)(e_1 + e_2)}{3}$$

$$E_{A_1}^* = e_1 q_{A_1}^* (1-r) = \left[E_1^* + e_1 \cdot \frac{P_e(1-r)(e_2 - 2e_1)}{3b} \right](1-r)$$

$$E_{A_2}^* = e_2 q_{A_2}^* (1-r) = \left[E_2^* + e_2 \cdot \frac{P_e(1-r)(e_1 - 2e_2)}{3b} \right](1-r)$$

$$E_A^* = E_{A_2}^* + E_{A_1}^* = \left[E_1^* + E_2^* + \frac{2P_e(1-r)[e_1 e_2 - (e_1^2 + e_2^2)]}{3b} \right](1-r)$$

$$R_{A_1}^* = (p_A^* - c_1)q_{A_1}^* - P_e[e_1 q_{A_1}^*(1-r) - A] - F$$

$$= \frac{[a - 2c_1 + c_2 - p_e(1-r)(2e_1 - e_2)]^2 - 9b(F - A_1 p_e)}{9b}$$

$$= \frac{[3bq_1^* - p_e(1-r)(2e_1 - e_2)]^2}{9b} - F + P_e A_1$$

$$R_{A_2}^* = (p_A^* - c_2)q_{A_2}^* - P_e[e_2 q_{A_2}^*(1-r) - A] - F$$

$$= \frac{[a - 2c_2 + c_1 - p_e(1-r)(2e_2 - e_1)]^2 - 9b(F - A_1 p_e)}{9b}$$

$$= \frac{[3bq_2^* - p_e(1-r)(2e_2 - e_1)]^2}{9b} - F + P_e A_2$$

在相对配额下碳排放模型采取绿色技术的均衡产量,按上述同样的思路可得:

$$p_R^* = \frac{a + \dfrac{c_1 + e_1 P_e(1-r)}{(1 + \bar{e}_1 P_e)} + \dfrac{c_2 + e_2 P_e(1-r)}{(1 + \bar{e}_2 P_e)}}{3}$$

$$q_{R_1}^* = \frac{1}{b} \left\{ \frac{a}{3} + \frac{1}{3} \cdot \frac{c_2 + e_2 P_e(1-r)}{(1 + \bar{e}_2 P_e)} - \frac{2}{3} \left[\frac{c_1 + e_1 P_e(1-r)}{(1 + \bar{e}_1 P_e)} \right] \right\}$$

$$q_{R_2}^* = \frac{1}{b} \left\{ \frac{a}{3} + \frac{1}{3} \cdot \frac{c_1 + e_1 P_e(1-r)}{(1 + \bar{e}_1 P_e)} - \frac{2}{3} \left[\frac{c_2 + e_2 P_e(1-r)}{(1 + \bar{e}_2 P_e)} \right] \right\}$$

$$q_{R_1}^* + q_{R_2}^* = \frac{\dfrac{2a}{b} - \dfrac{c_1 + e_1 P_e(1-r)}{(1+\overline{e}_1 P_e)} - \dfrac{c_2 + e_2 P_e(1-r)}{(1+\overline{e}_2 P_e)}}{3}$$

$$E_{R_1}^* = e_1 q_{R_1}^* (1-r)$$

$$= e_1 \frac{1}{b} \left\{ \frac{a}{3} + \frac{1}{3} \frac{c_2 + e_2 P_e(1-r)}{(1+\overline{e}_2 P_e)} - \frac{2}{3} \left[\frac{c_1 + e_1 P_e(1-r)}{(1+\overline{e}_1 P_e)} \right] \right\} (1-r)$$

$$E_{R_2}^* = e_2 q_{A_2}^* (1-r)$$

$$= e_2 \frac{1}{b} \left\{ \frac{a}{3} + \frac{1}{3} \frac{c_1 + e_1 P_e(1-r)}{(1+\overline{e}_1 P_e)} - \frac{2}{3} \left[\frac{c_2 + e_2 P_e(1-r)}{(1+\overline{e}_2 P_e)} \right] \right\} (1-r)$$

$$E_R^* = E_{R_2}^* + E_{R_1}^*$$

二、小结

(一)三种模型下的价格有如下关系

$$p^* < p_R^* < p_A^*$$

证明:

$$p_A^* - p^* = \frac{P_e(1-r)(e_1 + e_2)}{3} > 0$$

$$p_R^*(\overline{e}_1, \overline{e}_2) = \frac{a + \dfrac{c_1 + e_1 P_e(1-r)}{(1+\overline{e}_1 P_e)} + \dfrac{c_2 + e_2 P_e(1-r)}{(1+\overline{e}_2 P_e)}}{3}$$

$$p_R^*(0,0) = p_A^*$$

$$\frac{\partial p_R^*(\overline{e}_1, \overline{e}_2)}{\partial \overline{e}_1} = -\frac{P_e[c_1 + e_1 P_e(1-r)]}{3(1+\overline{e}_1 P_e)^2} < 0$$

$$\frac{\partial p_R^*(\overline{e}_1, \overline{e}_2)}{\partial \overline{e}_2} = -\frac{P_e[c_2 + e_2 P_e(1-r)]}{3(1+\overline{e}_2 P_e)^2} < 0$$

$$\forall (\overline{e}_1, \overline{e}_2) > (0,0), p_R^*(\overline{e}_1, \overline{e}_2) < p_R^*(0,0) = p_A^*$$

结论一和前两章的结论一致,其表明,采取两种配额方式都会推升碳排放市场价格,降低整体市场产量。另外,绝对配额模式的价格大于相对配额模式的价格,即绝对配额较相对配额方式对市场整体产量影响更大。

(二)三种模型下的最优碳排放有如下关系式

$$E_A^* < E_R^* < E^*$$

给定条件 $e_1 \leqslant 2e_2$。

该结论表明,两家单位产品碳排放量接近的企业,在政府的绝对配额限制下能够有效降低最优碳排放量。

$$E_A^* - E^* = \left\{ E_1^* + E_2^* + \frac{2P_e(1-r)[e_1e_2 - (e_1^2 + e_2^2)]}{3b} \right\}(1-r) -$$

$(E_1^* + E_2^*) < 0$

实际上,在实施绝对限额后,企业未经处理的总排放额度相对于不考虑限额的最优排放额度有所下降,即

$$E_1^* + E_2^* + \frac{2P_e(1-r)[e_1e_2 - (e_1^2 + e_2^2)]}{3b} < E_1^* + E_2^*$$

这是因为,

$$e_1e_2 - (e_1^2 + e_2^2) < 0$$

$$E_R^*(\bar{e}_1, \bar{e}_2) = e_1 \cdot \frac{1}{b} \left\{ \frac{a}{3} + \frac{1}{3} \cdot \frac{c_2 + e_2P_e(1-r)}{(1+\bar{e}_2P_e)} - \frac{2}{3} \left[\frac{c_1 + e_1P_e(1-r)}{(1+\bar{e}_1P_e)} \right] \right\}(1-r)$$

$$+ e_2 \cdot \frac{1}{b} \left\{ \frac{a}{3} + \frac{1}{3} \cdot \frac{c_1 + e_1P_e(1-r)}{(1+\bar{e}_1P_e)} - \frac{2}{3} \left[\frac{c_2 + e_2P_e(1-r)}{(1+\bar{e}_2P_e)} \right] \right\}(1-r)$$

$$= \frac{a(e_1+e_2)}{3E_A^*}(1-r) + \frac{[c_2 + e_2P_e(1-r)](e_2 - 2e_1)}{1+\bar{e}_1P_e}$$

$$+ \frac{[c_1 + e_1P_e(1-r)](e_1 - 2e_2)}{1+\bar{e}_2P_e}$$

注意到:$E_R^*(0,0) = E_A^*$。

因为 $e_2 - 2e_1 < 0$,且 $e_1 - 2e_2 < 0$,从而

$$\frac{\partial E_R^*(\bar{e}_1, \bar{e}_2)}{\partial \bar{e}_1} = -\frac{P_e[c_2 + e_2P_e(1-r)](e_2 - 2e_1)}{(1+\bar{e}_1P_e)^2} > 0$$

$$\frac{\partial E_R^*(\bar{e}_1, \bar{e}_2)}{\partial \bar{e}_2} = -\frac{P_e[c_1 + e_1P_e(1-r)](e_1 - 2e_2)}{(1+\bar{e}_2P_e)^2} > 0$$

命题得证。

该命题表明对于两家生产性质相差不大的企业即单位产品碳排放量接近的企业,二者的均衡排放量低于不考虑碳排放下的最优排放量,说明政府的绝对配额限制政策能够有效控制碳排放量,达到了该政策制定的目标。

(三)对于在单位产品碳排放成本优劣势较为明显($e_1 > 2e_2$)的情况下

若要相对配额方式的最优碳排放额最小,即 $E_R^* < E_A^*$,那么采取绿色技术减排比 r 必须不超过某个下限为:

$$r \geq 1 - \frac{e_1 \bar{e}_2 P_e^2 (c_1 + c_2) + P_e(c_1 \bar{e}_2 + c_2 \bar{e}_1)}{e_2 \bar{e}_1 P_e^2 (2e_1 - e_2)(1 + \bar{e}_2 P_e) + e_1 \bar{e}_2 P_e^2 (2e_2 - e_1)(1 + \bar{e}_1 P_e)}$$

证明:

欲证 $E_A^* - E_R^* > 0$,即

$$E_A^* - E_R^* = (1-r) \left\{ \frac{a(e_1 + e_2)}{3b} + \frac{[c_2 + e_2 P_e(1-r)](e_2 - 2e_1)}{1 + 0P_e} \right.$$

$$+ \frac{[c_1 + e_1 P_e(1-r)](e_1 - 2e_2)}{1 + 0P_e} - \frac{a(e_1 + e_2)}{3b}$$

$$\left. + \frac{[c_2 + e_2 P_e(1-r)](e_2 - 2e_1)}{1 + \bar{e}_1 P_e} + \frac{[c_1 + e_1 P_e(1-r)](e_1 - 2e_2)}{1 + \bar{e}_2 P_e} \right\} > 0$$

$$(1-r) \left\{ e_2 P_e(e_2 - 2e_1) \frac{\bar{e}_1 P_e}{1 + \bar{e}_1 P_e} + e_1 P_e(e_1 - 2e_2) \frac{\bar{e}_2 P_e}{1 + \bar{e}_2 P_e} \right\} > - \left(c_2 \cdot \frac{\bar{e}_1 P_e}{1 + \bar{e}_1 P_e} + c_1 \cdot \frac{\bar{e}_2 P_e}{1 + \bar{e}_2 P_e} \right)$$

$$(1-r) < \frac{- \left(c_2 \cdot \frac{\bar{e}_1 P_e}{1 + \bar{e}_1 P_e} + c_1 \cdot \frac{\bar{e}_2 P_e}{1 + \bar{e}_2 P_e} \right)}{\left[e_2 P_e(e_2 - 2e_1) \frac{\bar{e}_1 P_e}{1 + \bar{e}_1 P_e} + e_1 P_e(e_1 - 2e_2) \frac{\bar{e}_2 P_e}{1 + \bar{e}_2 P_e} \right]}$$

化简得:

$$r \geq 1 - \frac{e_1 \bar{e}_2 P_e^2 (c_1 + c_2) + P_e(c_1 \bar{e}_2 + c_2 \bar{e}_1)}{e_2 \bar{e}_1 P_e^2 (2e_1 - e_2)(1 + \bar{e}_2 P_e) + e_1 \bar{e}_2 P_e^2 (2e_2 - e_1)(1 + \bar{e}_1 P_e)}$$

该结论说明减排比例足够大时,在相对配额方式下,绿色技术能够有效降低最优排放量;在减排比例超过一定比例时,采取绿色技术带来的减排收益超过了自身政府设定的定额排放收益,即定额排放量的机会成本。

(四)结论四:相对配额模型下的绿色技术实施选择弹性比绝对配额模型下的绿色技术实施选择弹性更大

$$\frac{\partial F_{R1}}{\partial \bar{e}_1} > 0$$

$$\frac{\partial F_{R2}}{\partial \bar{e}_2} > 0$$

$$F_{R1}(\bar{e}_1, \bar{e}_2)$$

$$= \frac{4e_1 p_e r \{-2c_1 + c_2 + a(1+\bar{e}_1 p_e)(1+\bar{e}_2 p_e) + p_e [c_2 \bar{e}_1 - 2c_1 \bar{e}_2 + e_2(1+\bar{e}_1 p_e)(1-r) - e_1(1+\bar{e}_2 p_e)(2-r)]\}}{9b(1+\bar{e}_1 p_e)(1+\bar{e}_2 p_e)}$$

$$\frac{\partial F_{R1}(\bar{e}_1, \bar{e}_2)}{\partial \bar{e}_1} = \frac{4e_1 p_e^2 r \{[c_2(1+\bar{e}_1 p_e)] - [-2c_1 + c_2 + p_e(c_2 \bar{e}_1 - 2c_1 \bar{e}_2 - e_1(1+\bar{e}_2 p_e)(2-r))]\}}{9b(1+\bar{e}_1 p_e)^2(1+\bar{e}_2 p_e)}$$

$$= \frac{2c_2(1+\bar{e}_1 p_e) + p_e e_1(1+\bar{e}_2 p_e)(2-r)}{9b(1+\bar{e}_1 p_e)^2(1+\bar{e}_2 p_e)} > 0$$

$$\frac{\partial F_{R2}(\bar{e}_1, \bar{e}_2)}{\partial \bar{e}_2} = \frac{4e_2 p_e^2 r \{[-2c_2(1+\bar{e}_1 p_e)] - [-2c_2 + c_1 + p_e(c_1 \bar{e}_2 - 2c_2 \bar{e}_1 + e_1(1+\bar{e}_2 p_e)(1-r))]\}}{9b(1+\bar{e}_1 p_e)^2(1+\bar{e}_2 p_e)}$$

以上关系表明,政府分配更高的相对配额,将有利于企业选择实施绿色技术,即企业可以接受更高的绿色技术实施成本;反过来,如果绿色技术实施成本能够得到下降,那么政府就可以实施更加严格的排放控制策略,即分配更低的碳强度,企业依然能够在第四象限实现均衡,即都会实施绿色技术降低排放。

(五)当满足以下条件时

$$A_1 + A_2 \geqslant -\frac{3bq_1^* [4e_1 + (2r-2)e_2] + 3bq_2^* [4e_2 + (2r-2)e_1] + p_e [(-r^2+2r-5)(e_1^2+e_2^2) + 8(r^2-r+1)e_1 e_2]}{9b},$$

绝对配额的总利润才会上升。

证明:

$$R_1^* - R_{A1}^* = \frac{(3bq_1^*)^2}{9b} - \frac{[3bq_1^* - p_e(1-r)(2e_1 - e_2)]^2 - 9b(F - A_1 p_e)}{9b}$$

$$= \frac{p_e(1-r)(2e_1 - e_2)[6bq_1^* - p_e(1-r)(2e_1 - e_2)]}{9b} - F - A_1 p_e$$

$$\geq \frac{p_e(1-r)(2e_1-e_2)\left[6bq_1^*-p_e(1-r)(2e_1-e_2)\right]}{9b}$$

$$-\frac{4e_1 p_e r\left\{3bq_1^*-p_e\left[e_1(2-r)-e_2\right]\right\}}{9b}-A_1 p_e$$

$$=\frac{(1-r)(2e_1-e_2)\left\{3bq_1^*-p_e\left[e_1(2-r)-e_2\right]+3bq_1^*+p_e r(e_1-e_2)\right\}+4e_1 p_e r\left\{3bq_1^*-p_e\left[e_1(2-r)-e_2\right]\right\}}{9b}+A_1 p_e$$

$$=p_e\left\{\frac{3bq_1^*\left[4e_1+(2r-2)e_2\right]-p_e\left[2(1+r)e_1+e_2(r-1)\right]\left[e_1(2-r)-e_2\right]+p_e r(1-r)(2e_1-e_2)(e_1-e_2)}{9b}+A_1\right\}$$

$$R_2^*-R_{A2}^*\geq p_e\left\{\frac{3bq_2^*\left[4e_2+(2r-2)e_1\right]-p_e\left[2(1+r)e_2+e_1(r-1)\right]\left[e_2(2-r)-e_1\right]+p_e r(1-r)(2e_2-e_1)(e_2-e_1)}{9b}+A_2\right\}$$

$$R_1^*-R_{A1}^*+R_2^*-R_{A2}^*\geq p_e\left\{\frac{3bq_1^*\left[4e_1+(2r-2)e_2\right]+3bq_2^*\left[4e_2+(2r-2)e_1\right]+p_e\left[(-r^2+2r-5)(e_1^2+e_2^2)+8(r^2-r+1)e_1 e_2\right]}{9b}+A_1+A_2\right\}\geq 0$$

故

$$A_1+A_2\geq -\frac{3bq_1^*\left[4e_1+(2r-2)e_2\right]+3bq_2^*\left[4e_2+(2r-2)e_1\right]+p_e\left[(-r^2+2r-5)(e_1^2+e_2^2)+8(r^2-r+1)e_1 e_2\right]}{9b}$$

此时,绝对配额的总利润才会上升。从政府角度来考虑,此结论表明,如果采用绝对配额分配方式,既要控制总排放,又要不影响经济发展(即双寡头的总收益),那么政府分配的总配额需要高于某一水平才能实现,否则,如果分配的总配额过小,实施严格排放控制则将在一定程度上制约经济的发展。另外,垄断企业的整体利润上升,主要来自产品价格的上升,从消费者角度来看,本质上是消费者承担了价格上升的成本,消费者整体福利下降。

第八章　研究结论和政策建议

第一节　结　论

本书尝试通过建构不同配额方式下的企业定价模型,层层递进,不断放宽假定条件,试图系统梳理企业在不同约束调价下的定价策略和收益情况。根据企业在不同配额方式下的定价、碳排放以及绿色选择上的反应,理论上分析西方学者在相对配额方式上的认识误区,并根据不同企业在不同配额方式下的绿色选择,探索企业在不同政府政策下的决策以及政府在不同考量的基础上制定合理的碳减排政策。现将前几章结论总结如下:

第一,不同配额分配方式的选择。绝对配额分配方式更有利于减排,其社会收益大于其经济收益,更有利于政府实现其减排目标;相对配额分配方式由于是跟企业的工业增加值挂钩,工业增加值越高,其配额数量越多,可以实现在不影响整体经济活力和企业积极性的前提下约束企业减排。因此,选择配额分配方式,可根据想要达成的政策效果进行规则的制定。

第二,环境规制条件下的企业行为选择。通过对考虑绿色技术的企业定价策略进行研究,我们可以得出在附加环境约束的情形下,企业会将其作为成本纳入其利润核算,如果约束政策是模糊的或者是短期的,企业则倾向于选择提交罚款或者拒不配合的行为方式来应对;反之,如果政策是明朗的且长期持续有效的,企业则更倾向于采用绿色自净技术来节能减排,取得绿色自净的长期经济效益,因为这一部分可以通过减少环境规制的处罚成本和出售盈余的碳配额来实现。鉴于此,若想发挥环境规制政策的作用效果,则须保证政策的长期持续有效性。当碳排放企业的所得利润和排放量之间满足线性关系时,企业的利润与排放量之间呈反比,并且随着碳交易价格的上涨,两者之间的反比系数会增加;当碳排放企业的所得利润和排放量之间满足非线性关系时,随着碳交易市场价格的上升,减排的边际成本较大,会导致较低的最优目标排放量;当碳排放的边际成本在某一个范围内变化时,此时碳排放企业需要减少其排放量。此外,随着碳价的升高,此时碳排放企业的排放量越低,给企业带来的利润越大,因为提升碳排放量的机会成本在逐渐增大。总体概括来看,凸函数(较低减排边际成本)条件下的整体利润水平相对凹函数要大。

第三,在充足的碳配额下,通过减少碳配额或者改变碳配额的分配方式,对于生产商的碳排放水平没有影响。而且企业的碳排放水平和绿色自净的投资规模主要受碳排放价格的影响,如果碳排放的价格过高,那么企业即使拥有很高的碳配额,也不会提升其绿色技术改进的投资规模。因此,对于固定的碳配额,必存在一个碳配额价格"拐点"。超过"拐点"的价格水平,提高碳排放权的价格会降低企业总成本和碳排放水平。如果减少企业碳配额,碳配额价格则会上升,此时企业绿色技术改进所带来的收益将会被增加的碳排放成本所抵消,因此,也存在一个碳配额价格"拐点",在该点的价格水平下方通过提高碳配额价格可以实现生产商的总成本和碳排放水平的降低。

第四,本书第五章、第六章讨论政府减排政策对单寡头决策行为的影响,可以总结如下:

(1)不管是绝对配额还是相对配额分配方式,增加的减排成本企业会通过定价的方式进行一定的转移。然而,在相对配额分配方式下,如果分配的碳强度过高(相当于政府补贴),企业反而会增加产量(降低价格),以获取额外的排放权,在碳市场出售获益。

(2)绝对配额分配方式下,由于企业提高价格,降低产量,所以碳排放将下降;但相对配额分配方式下,企业碳排放的变化将变得更为复杂,由于受销售收益的影响,企业可能提高产量,获取更高收益,由此反而可能导致企业排放量上升。

(3)绿色技术选择的影响。

①考虑单个寡头企业的情况下,如果两种配额分配方式下企业都不做自净,当绿色技术投资成本高于给定临界值时,则有相对配额方式下企业总排放量要高于绝对配额方式下的总排放量;当绿色技术投资成本低于给定临界值时,如果两种分配方式下企业都选择做自净,则相对配额方式下企业总排放量也一样高于绝对配额方式下的总排放量。这意味着,单个企业无论选择自净与否,相对配额方式下的企业总碳排放量要比绝对配额方式下的企业总碳排放量多。

②绝对配额分配方式下,企业主要是比较绿色技术实施成本和碳价之间的关系决定是否实施绿色技术,政府分配的绝对配额大小并不能直接影响企业的减排行为;然而,相对配额分配方式下,政府分配的碳强度对企业绿色减排将带来直接影响,当绿色技术实施成本超过某一给定值时,分配的碳强度必须超过某一给定值,企业才可能实施绿色技术。其原因是自净将导致企业提高产量、降低价格,而相对配额可以看成是政府给企业的一种补贴,当自净需要承担的成本较高时,如果政府补贴不足,则可能导致企业通过提高产量获取的收益不足以弥补自净成本,而最终选择不自净。

③对于给定绿色技术特征(实施成本和减排效果)的条件下,我们发现单位产品排放很高的"污染型"企业和单位产品排放很低的"环保型"企业都不会选择实施绿色技术,原因是这两类企业实施绿色技术的收益都不高。只有单位产品碳排放处于某一特定范围的企业才会选择实施绿色减排。

④实施绿色技术之后企业总排放量也可能不降反升,只有当减排效果达到一定程度(r 超过某一限值)时,绿色技术才会导致企业排放量下降。

⑤理论分析表明,相对配额分配方式更有利于企业实施绿色技术,但

同等条件下相对配额分配方式可能带来比绝对配额分配方式下更高的企业排放。

第五,双寡头垄断条件下企业的策略选择。

第七章模型分析告诉我们:

(1)两家单位产品碳排放量接近的企业,在政府的绝对配额限制下能够有效地降低最优碳排放量。

(2)该结论说明减排比例足够大时,在相对配额方式下,绿色技术能够有效降低最优排放量。

(3)如果采用绝对配额分配方式,既要控制总排放量,又要不影响经济发展(即双寡头的总收益),那么政府分配的总配额需要高于某一水平才能实现,否则,如果分配的总配额过小,实施严格排放控制则将在一定程度上制约经济的发展。

(4)政府分配更高的相对配额,将有利于企业选择实施绿色技术,即企业可以接受更高的绿色技术实施成本。反过来,如果绿色技术实施成本能够得到下降,那么政府就可以实施更加严格的排放控制策略,即分配更低的碳强度,企业依然能够在第四象限均衡,即都会实施绿色技术降低排放。

在双寡头垄断条件下,企业会根据竞争对手的产量来决定自己的产量,在此基础上形成市场价格,再根据其利润最大化的均衡条件决定其最终产量和产品定价。从企业的角度分析,为了更好地减排,需要进行减排研发合作,同时扩大生产规模,此种情况下,企业的利润主要来自研发效率的提高。从政府角度分析,社会的总福利和总的碳排放量之间要做权衡,对于发展中国家来说,政府可以适当帮助企业降低其研发成本,对企业的减排研发合作予以支持和鼓励,从而提升社会的福利;而对于发达国家来说,主要是降低碳排放量,此时政府可以鼓励企业进行全面竞争。

第二节　对策与建议

通过对不同配额分配方式下企业绿色自净技术选择和定价策略的研究,本文将分别从政府和企业角度为碳市场各参与主体的行为选择提供理论支撑和对策建议。

一、政策建议

通过前几章的分析,我们发现,对政府而言,不同配额方式下的决策,对企业环保措施的选择以及碳排放总量都有影响。鉴于此,可根据政府所期望的结果制定不同分配方式下的方案,下面就前几章的结论简要建议如下:

(一)考量减排效果的政策选择

前几章结论部分通过企业不同配额方式下产品定价的高低表明:如果政府想达到可观预期的减排效果,选择绝对配额分配方式更优,这是因为绝对配额分配方式下企业产品定价高于相对配额分配方式下的企业定价,企业在既定产值下产量相对下降,更有利于碳减排。另外,上节结论也表明,无论企业选择自净与否,相对配额分配方式下的总碳排放量要高于绝对配额分配方式下的总碳排放量,这意味着政府如果考虑总体减排效果的话,从总碳排放量角度而言,绝对配额方式则占优。

在减排调整的灵活性方面,相对配额分配方式更具优势。这种灵活性体现在产量迅速下降的企业带来的配额调整上。假设其他条件不变,意外原因导致的企业产量剧烈下降,意味着相对配额方式下企业获取的碳配额也会随之剧烈减少(企业产值下降),这样有利于政府及时调整企业配额,减少企业过多占用配额和不必要的配额供给,更好地提升碳市场效率。

(二)考量经济增长的政策选择

绝对配额分配方式下,企业每年获取的碳配额与企业工业增加值的各项指标无关；而相对配额分配方式下，碳强度和产值都是决定企业获取配额多少的核心系数。

相对配额方式有利于高速增长企业的发展，当企业的产值迅速增加时，企业获取的配额多于绝对配额方式下的配额，保证其不受历史排放的局限，有利于高速增长的企业保持较为稳定的经营，避免产生更多的排放成本。由此，政府如果考虑既要减少碳排放又要保证经济增长稳步向前，相对分配方式则是较优选择。

对于企业而言，绝对配额方式有益于企业在稳定的预期下制订运营计划。相对配额方式则很可能不利于周期性企业的发展，即当经济衰退时，企业产品价格下降（产量调整没那么快）带来的产值下滑，由此使企业得到的相对配额急剧下降（绝对配额方式不会），而由产量决定的碳排放并没有下降，继而使企业产生巨大的碳排放缺口，承受比绝对配额方式更大的减排压力。因此，政府需要考虑其产业布局情况。如果所在区域的多数企业，其销售与经济周期密切相关，则采用稳态的绝对配额方式更有优势。

（三）考量绿色技术的政策选择

前几章结论表明，企业主要是比较绿色技术实施成本和碳价之间的关系决定是否实施绿色技术，政府分配的绝对配额大小并不能直接影响其是否为减排行为，而相对配额方式下，政府分配的碳强度对企业绿色减排将带来影响。

如果考虑鼓励企业采用绿色环保技术，相对配额政策则是较优选择。单个企业和双寡头博弈模型的研究都一致表明，对比绝对配额方式，相对配额方式下实施绿色技术之后的企业可以在更大区间的碳价波动中获益，也就是说，相对配额方式允许更多的企业实施绿色技术。同时，相对配额方式下实施绿色技术之后的企业可以在更大的单位碳排放区间波动中获益，同样意味着相对配额方式更有利于企业实施绿色技术。

上一节关于双寡头的结论表明，在鼓励企业采用绿色技术层面上，政府施行相对配额制度要比绝对配额制度更具灵活性。这是由于政府分配更高的相对配额,将有利于企业选择实施绿色技术,可以接受更高的绿色技术实施成本。如果绿色技术实施成本能够下降,相对配额方式下政府就能够采用更为严格的碳强度控制,此时,双寡头企业都会采用绿色技术。

(四)考量监管成本的政策选择

一般而言,绝对配额分配方式下的监管成本是低于相对配额分配方式下的监管成本的,而且相对配额的碳强度核查复杂性高很多,因此考虑这两个层面的话,绝对配额方式则更优。

相对配额方式下,可能产生道德风险。当碳价较高时,利益驱动下企业容易选择在自身产值数据上做文章,通过转移定价及财务造假等手段做高产品价格,提升产值,以获得更多的碳配额在碳市场上出售,获取高额利润。鉴于此,相对配额方式下政府需要耗费更多成本用于加强对企业财报的审核以及对关联企业的审查。

本书主要考虑免费分配方式下绝对配额及相对配额方式下对企业绿色技术选择及定价策略的影响。但实质上,政府在碳减排上的政策选择是很多的。比如,作为另一种主要分配方式即有偿分配方式下的碳配额拍卖,不失为更有效率的政策,而且拍卖方式能够鼓励企业进行绿色自净。

企业在绿色技术上的改进,进而减少总体碳排放,依然是解决碳排放问题的关键。政府需要制定理性的环境规制政策,通过政策来激励企业进行绿色创新;也可以对企业的节能减排行为进行一定程度的财政资助,对重点示范的减排项目或组织进行各种鼓励。此外,营造合理的竞争氛围也很有必要。

二、企业决策

当政府分配方式给定时,企业只能在政策的约束下决定其定价和生产策略,并根据绿色技术实施成本以及碳价格走向决定是否实施绿色技术。

(一)定价策略

不管是绝对配额还是相对配额分配方式,企业都会通过定价的方式转移增加的减排成本;相对配额分配方式下,如果分配的碳强度较高(相当于政府补贴),企业则可以降低价格,增加产量,以获取额外配额在碳市场出售获益。

如前讨论,周期性企业更偏好绝对配额分配方式。相对配额方式下,当遇到经济衰退时期,企业的定价将相当被动(价格下降),而产量无法短时间减少,产值剧烈下降将带来配额下降的风险。

相对配额方式下,一般企业更愿意提高价格(产量不变,碳排放不变),做高产值,获取更多配额牟利。

(二)绿色技术选择

一般而言,企业主要是比较绿色技术实施成本和碳价之间的关系决定是否实施绿色技术。由先前结论可知,相对配额方式下,更适合企业选择绿色技术改进。这是因为相对配额方式下,实施绿色技术之后的企业可以在更大区间的碳价波动中获益;并且这种配额方式使得更大区间的单位碳排放企业可以选择参与绿色技术改进并从中获益。

当绿色技术实施成本较高时,绝对配额方式下,企业是不会做绿色自净的;相对配额方式下,则存在一种可能。在企业面对较高绿色技术实施成本时,当分配的碳强度超过一定值(碳强度本身可以理解为政府补贴)时,这部分补贴超过一定值并可以弥补较高成本,企业则可以实施绿色技术改进。

如果是单位产品排放很高的"污染型"企业或单位产品排放很低的"环保型"企业,则都不应选择实施绿色技术改进。这是因为单位产品碳排放过高的企业产量过低,导致绿色技术投资收益下降;单位产品碳排放过低的企业由于碳减排有限(排放已经很低),同样导致绿色技术投资收益不足。两类企业实施绿色技术的收益都不高,只有单位产品碳排放处于某一特定范围的企业才会选择实施绿色减排。

总体而言,如果采用绿色技术可以节约成本,并且投入的部分可以通过多种渠道快速变现,既实现减排目标,又能实现社会效益最大化、企业利益最大化,则是最优的结果。如果采用绿色技术需要支付比较高昂的代价,那么企业就要视政策的强弱决定是否进行绿色自净。在强政策约束下,考虑到长期利润的实现,则需要尽量早地采用绿色自净技术,争取减排空间和尽量多的排放配额;在弱政策约束下,企业可以拖延或采取一些其他手段,比如从其他企业或直接从市场上购买配额,以完成政府的履约要求。

第三节　研究展望

碳市场设计的初衷是为了用经济手段来处理和应对全球变暖等一系列环境问题,其设计思路是总量控制和交易机制。在碳市场的建构中,最核心的参与主体就是控排企业,这是因为由市场机制产生的激励和约束最终都要作用到控排企业身上才能发挥其功能,所以对不同情境设置下控排企业行为的研究就显得非常重要。本研究主要探讨了单个企业在不同配额分配方式下的定价策略选择、考虑绿色技术选择的定价策略和双寡头垄断条件下的企业策略选择。考虑到碳排放交易的企业数会远超过本书研究数量,未来的研究可以放宽对企业个数的假定。对于企业个数达到一定规模时,研究其博弈的方法极有可能会采取微分博弈形式,这是未来研究的重点方向。实际上,影响企业碳排放交易、是否采取绿色技术等计划的因素有很多,本书并未考虑相关特定的随机因素。如何将碳排放交易过程中的不确定因素以及外部经济的潜在影响揉入博弈模型中,也将是未来的主攻方向。

如果微观数据充分,则也可以直接用数理计量的方法对影响企业定价策略选择的因素做定量分析,从中剥离出配额分配方式对其策略选择的影响,对不同配额分配方式的影响效果进行定量分析。

参考文献

[1] Aldy J E, Pizer W A. Issues in Designing US Climate Change Policy[J]. *The Energy Journal*, 2009, 30(3): 179—210.

[2] Benjaafar S, Li Y, Daskin M. Carbon footprint and the management of supply chains: Insights from simple models[J]. *Trans on Automation Science and Engineering*, 2013, 10(1): 99—105.

[3] Benjaafar, S., Li, Y., Daskin, M., 2010. Carbon footprint and the management of supply chains: insights from simple models[J]. *IEEE Trans. Autom. Sci. Eng*, 10 (1), 99—116.

[4] Bouchery Y, Ghaffari A, Jemai Z and Dallery Y (2012). Including sustainability criteria into inventory models[J]. *European Journal of Operational Research*, 222 (2): 229—240.

[5] Chen C, Monahan G E. Environmental safety stock: The impacts of regulatory and voluntary control policies on production planning, inventory control, and environmental performance[J]. *European Journal of Operational Research*, 2010, 207(3): 1280—1292.

[6] Eichner T, Pethig R. Efficient CO_2 Emissions Control with Emissions Taxes and International Emissions Trading [J]. *European Economic Review*, 2009, 53(6): 625—635.

[7] Fischer C, Preonas L. Combining Policies for Renewable Energy: Is the Whole Less than the Sum of Its Parts[J]. *International Review of Environmental and Resource Economics*, 2010, 4(1): 51—92.

[8] Fischer, C. , Rebating environmental policy revenues: Output-based allocations and tradable performance standards[B]. RFF Discussion Paper, 2001:1 22.

[9] Goulder, Lawrence H. Journal of Economic Perspectives[J]. *Winter* , 2013:87—102.

[10] Helmrich MJR, Jans R, van den Heuvel W and Wagelmans AP (2015). The economic lot-sizing problem with an emission capacity constraint[J]. *European Journal of Operational Research* , 241 (1):50—62.

[11] Hua G, Cheng T and Wang S (2011). Managing carbon footprints in inventory management[J]. *International Journal of Production Economics* , 132 (2):178—185.

[12] IPCC, 2014. Climate change 2014: mitigation of climate change. In: Ottmar, E. , Ramon, P. , Youba, S. , et al. (Eds.), Working Group III Contribution to the Fifth Assessment Report of the Intergovernmental Panel on Climate Change. Cambridge University Press, UK.

[13] Jiang Y, Klabjany D. Optionmal emissions reduction investment under green house gas emissions regulations[Z]. Evanston: Northwestern University, 2012.

[14] Krass D, Nedorezov T, Ovchinnikov A. Environmental taxes and the choice of green technology[J]. *Production and Operations Management* , 2013, 22(5):1035—1055.

[15] Laurens G. Debo. , L. Beril Toktay, Luk N. Van Wassenove. Market Segmentation and Product Technology Selection for Remanufacturable Products[J]. *Management Science* , 2005(8):1193—1205.

[16] Lee S Y. The effects of green supply chain management on the supplier's performance through social capital accumulation[J]. *Supply Chain Management: An International Journal* , 2015, 20(1):42—55.

[17] Liu Z, Guan D, Crawford-Brown D, et al. Energy policy: A low -carbon road map for China[J]. *Nature*, 2013, 500(7461): 143—145.

[18] Majone G. *Evidence, Argument, and Persuasion in the Policy Process*[M]. Yale University Press, 1989: 159.

[19] Milliman, R. Prince. Firm incentives promote technological change pollution control[J]. *Journal Environmental Economics and Management*, 1989, 17(3): 247—265.

[20] Nouira, I. , Frein, Y. , Hadj - Alouanec, A. . Optimization of manufacturing systems under environmental considerations for a greenness-dependent demand[J]. *Int. J. Prod. Econ.* 2014, 150, 188—198.

[21] Palma V, Castaldo F, Ciambelli P, et al. CeO 2-supported Pt/ Ni catalyst for the renewable and clean H_2 production via ethanol steam reforming[J]. *Applied Catalysis B: Environmental*, 2014, 145: 73—84.

[22] Pizer W A. Combining Price and Quantity Controls to Mitigate Global Climate Change [J]. *Journal of Public Economics*, 2002, 85(3): 409—434.

[23] Roberts M J, Spence M. Effluent Charges and Licenses under Uncertainty[J]. *Journal of Public Economics*, 1976, 5(3): 193—208.

[24] Smith S. The Compatibility of Tradable Permits with other Environmental Policy Instruments [J]. *Implementing Domestic Tradable Permits for Environmental Protection*, 1999: 212.

[25] Sorrell S, Sijm J. Carbon Trading in the Policy Mix [J]. *Oxford Review of Economic Policy*, 2003, (2): 420—437.

[26] Song J and Leng M (2012). Analysis of the single-period problem under carbon emissions policies. In: Choi T-M (ed). Handbook of Newsvendor Problems. Vol. 176 of International Series in Operations Research and Management Science. Springer: New York.

[27] Tester J W, Drake E M, Driscoll M J, et al. *Sustainable ener-*

gy：choosing among options［M］. MIT press，2012.

［28］Tola V，Pettinau A. Power generation plants with carbon capture and storage：a techno-economic comparison between coal combustion and gasification technologies［J］. *Applied Energy*，2014，113：1461－1474.

［29］Wang L，He J，Wub D and Zeng Y-R（2012b）. A novel differential evolution algorithm for joint replenishment problem under interdependence and its application［J］. *International Journal of Production Economics*，135（1）：190－198.

［30］Weitzman M L. Prices vs. Quantities［J］. *The Review of Economic Studies*，1974：477－491.

［31］Wildavsky A. *Speaking Truth to Power：The Art and Craft of Policy Analysis*［M］. Boston：Little，Brown and Co，1979：431.

［32］Xiang S，He Y，Zhang Z，et al. Microporous metal-organic framework with potential for carbon dioxide capture at ambient conditions［J］. *Nature Communications*，2012，3：954.

［33］Zhang Jiangjiang，Nie Tengfei，Du shaofu. Optimal emission-dependent production policy with stochastic demand［J］. *International Journal of Society Systems Science*，2011，3（1）：21－39.

［34］Zhang B and Xu L（2013）. Multi-item production planning with carbon cap and trade mechanism［J］. *International Journal of Production Economics*，144（1）：118－127.

［35］张星. 福建粮食生产对气象灾害的敏感性研究［J］. 气象科技，2007，（2）：232－235.

［36］马德成. 加快转变经济发展方式的思路和意义——"'十二五'规划建议"解读［J］. 生态经济，2011，（4）：185－187＋191.

［37］洪崇恩，耿国彪. 哥本哈根，拯救人类的最后一次机会［J］. 绿色中国，2009，（23）：8－21.

[38]杜志华,杜群.气候变化的国际法发展:从温室效应理论到《联合国气候变化框架公约》[J].现代法学,2002,5:145—149.

[39]杨兴.《气候变化框架公约》与国际法的发展:历史回顾、重新审视与评述[J].环境资源法论丛,2005:148—171.

[40]里玉洁.远洋航运船舶的 CO_2 减排和能效管理实务[J].中国海事,2014,(3):39—42.

[41]王婉.清洁发展机制的历史背景[J].低碳世界,2011,(3):42—44.

[42]徐保风.气候变化伦理[D].湖南师范大学,2014.

[43]李新.论中国参与国际气候谈判的立场与策略[D].湖南师范大学,2011.

[44]张静.俄罗斯、美国和欧盟在气候与京都议定书问题上的合作与竞争[J].宿州学院学报,2008,(5):13—17.

[45]刘厚超.气候变化视阈下国际技术转让法律问题研究[D].大连海事大学,2013.

[46]《联合国气候变化框架公约》第 2 条,联合国,1992.

[47]《联合国气候变化框架公约》第 3 条,联合国,1992.

[48]徐文文.论后京都时代国际气候制度[D].华东政法大学,2008.

[49]郑埜.二氧化碳减排责任分配研究[D].厦门大学,2014.

[50]胡海超.《京都议定书》与应对气候变化的国际博弈研究[D].西北师范大学,2013.

[51]《联合国气候变化框架公约》第 4 条,联合国,1992.

[52]伍艳.论联合国气候变化框架公约下的资金机制[J].国际论坛,2011,1:20—26+79.

[53]牛哲莉.《新伙伴计划》与《京都议定书》:竞争还是合作[J].山东科技大学学报(社会科学版),2010,(2):49—53.

[54]《〈联合国气候变化框架公约〉京都议定书》附件 A,联合国,1997.

[55]温融.应对气候变化政府间合作法律问题研究[D].重庆大学,2011.

[56]赵军.应对气候变化国际法律制度评析[D].外交学院,2006.

[57]李艳芳.各国应对气候变化立法比较及其对中国的启示[J].中国人民大学学报,2010,(4):58—66.

[58]原白云.考虑碳减排的企业运营优化及供应链协调研究[D].天津大学,2014.

[59]钟晓青,杜伊,刘文,等.国内温室气体减排:基本框架设计的生态经济问题——与刘世锦等商榷[J].再生资源与循环经济,2012,(12):13—19.

[60]张敬.中国钢铁行业 CO_2 排放影响因素及减排途径研究[D].大连理工大学,2008.

[61]林云华.国际气候合作与排放权交易制度研究[D].华中科技大学,2006.

[62]张凯南.《京都议定书》中清洁发展机制探析[D].中国政法大学,2009.

[63]《〈联合国气候变化框架公约〉京都议定书》,联合国,1997.

[64]孙玉中.共同但有区别的责任原则历史溯源与分类再研究[A].2012年全国环境资源法学研究会(年会)论文集[C].中国法学会环境资源法学研究会、环境保护部政策法规司,2012:9.

[65]陈刚.集体行动逻辑与国际合作[D].外交学院,2006.

[66]肖意成.气候变化技术国际转让法律机制研究[D].湘潭大学,2014.

[67]陈连生.京都议定书给我们带来了什么(上)[J].节能与环保,2005,(12):33—34.

[68]刘继峰."后京都议定书"时代促中国水泥业变革[J].建筑装饰材料世界,2005,(4):24—27.

[69]马智杰,王伊琨.气候变化与清洁发展机制(八)[J].中国水能及

电气化,2013,(3):68—70.

[70]陈迎,庄贵阳.《京都议定书》的前途及其国际经济和政治影响[J].世界经济与政治,2001,6:39—45.

[71]王利.后《京都议定书》时代的前景探析[J].武汉科技大学学报(社会科学版),2009,3:77—81.

[72]何艳凤.应对气候变化的国际法律问题研究[D].黑龙江大学,2014.

[73]付璐.欧盟排放权交易机制之立法解析[J].地域研究与开发,2009,(1):124—128.

[74]孙振坡.国际碳交易融资机制与模式研究[D].西南交通大学,2011.

[75]程昊汝.我国碳排放权机制设计的研究[D].华东师范大学,2011.

[76]张庆阳.各国气象灾害防御立法取向掠影[J].中国减灾,2014,(5):54—57.

[77]王赛玉.90年代以来美国加利福尼亚州的气候行动分析[D].苏州大学,2014.

[78]王陟昀.碳排放权交易模式比较研究与中国碳排放权市场设计[D].中南大学,2012.

[79]于雪霞.碳排放权分配公平性演化分析及启示[J].科技管理研究,2015,(14):219—225.

[80]蒋佳妮,王灿.气候公约下技术开发与转让谈判进展评述[J].气候变化研究进展,2013,(6):449—452.

[81]李白."基础四国"与全球气候谈判[J].上海人大月刊,2012,(6):51—52.

[82]《巴黎协定》正式生效:中国设定了四大减排目标,2016年11月4日,http://news.cctv.com/2016/11/04/ARTINmMvNL834wLuzuAH2BRr161104.shtml。

[83]中国碳市场进入冲刺阶段,2016 年 12 月 9 日,http://fgw. wu-hai. gov. cn/news. aspx? id=5328。

[84]中国碳市场即将启动,2016 年 11 月 23 日,http://www. 360doc. com/content/16/1123/08/35130481_608706540. shtml。

[85]王毅刚,葛兴安,邵诗洋,等. 碳排放交易制度的中国道路:国际实践与中国应用[M].北京:经济管理出版社,2011:42.

[86]许光. 碳税与碳交易在中国环境规制中的比较及运用[J]. 北方经济,2011,(3):3—4.

[87]朱苏荣. 碳税与碳交易的国际经验和比较分析[J]. 金融发展评论,2012,(12):71—75.

[88]石敏俊,袁永娜,周晟吕,等. 碳减排政策:碳税、碳交易还是二者兼之? [J]. 管理科学报,2013,16(9):9—17.

[89]杨晓妹. 应对气候变化:碳税与碳排放权交易的比较分析[J]. 青海社会科学,2010,(6):36—39.

[90]王慧,曹明德. 气候变化的应对:排污权交易抑或碳税[J]. 法学论坛,2011,26(1):110—114.

[91]赵骏,吕成龙. 气候变化治理技术方案之中国路径[J]. 现代法学,2013,35(3):95—104.

[92]叶祥松. 科斯定理与我国国有企业改革[J]. 西安石油学院学报(社会科学版),2003,(1):21—24.

[93]何梦舒. 我国碳排放权初始分配研究基于金融工程的视角分析[J]. 管理世界,2011(11):53—56.

[94]李凯杰,曲如晓. 碳排放配额初始分配的经济效应及启示[J]. 国际经济合作,2012(3):33—36.

[95]骆瑞玲,范体军,李淑霞,等. 我国石化行业碳排放权分配研究[J]. 中国软科学,2014,(2):171—178.

[96]陆敏,方习年. 考虑不同分配方式的碳交易市场博弈分析[J]. 中国管理科学,2015,(S1):807—811.

［97］吴洁,夏炎,范英,等.全国碳市场与区域经济协调发展［J］.中国人口·资源与环境,2015,(10):11-17.

［98］范德胜.碳排放权初始分配结构下企业的成本-收益研究［J］.南京社会科学,2013,(8):24-29+7.

［99］彭玉兰.庇古税制的有效性及废弃物处理技术选择［J］.中国软科学,2011,(1):154-162.

［100］李赤林,陈优金.城市水污染处理的排污权交易策略及定价机理研究［J］.科技管理研究,2005,(6):88-89+93.

［101］朱慧赟,常香云,范体军,等.碳排放税机制下企业再制造技术选择决策研究［J］.科技进步与对策,2013,(20):80-84.

［102］张倩,曲世友.环境规制强度与企业绿色技术采纳程度关系的研究［J］.科技管理研究,2014,(5):30-34.

［103］令狐大智,叶飞.基于历史排放参照的碳配额分配机制研究［J］.中国管理科学,2015,23(6):65-72.

［104］严明慧,周洪涛,曾伟.基于二阶段博弈的碳排放权分配机制研究［J］.价值工程,2014,(2):3-6.

［105］马常松,陈旭,罗振宇,等.随机需求下考虑低碳政策规制的企业生产策略［J］.控制与决策,2015,(6):969-976.

［106］黄帝,陈剑,周泓.配额交易机制下动态批量生产和减排投资策略研究［J］.中国管理科学,2016,(4):129-137.

［107］骆瑞玲,范体军,夏海洋.碳排放交易政策下供应链碳减排技术投资的博弈分析［J］.中国管理科学,2014,(11):44-53.

［108］夏良杰,赵道致,李友东.基于转移支付契约的供应商与制造商联合减排［J］.系统工程,2013,(8):39-46.

［109］檀勤良,魏咏梅,何大义.行政管理减排机制对企业生产策略的影响研究［J］.中国软科学,2012,(4):153-159.

［110］杨亚琴,邱菀华,何大义.强制减排机制下政府与企业之间的博弈分析［J］.系统工程,2012,(2):110-114.

[111]何大义,马洪云.碳排放约束下企业生产与存储策略研究[J].资源与产业,2011,(2):63-68.

[112]赵令锐,张骥骧.考虑碳排放权交易的双寡头有限理性博弈分析[J].复杂系统与复杂性科学,2013,(3):12-19.

[113]杜少甫,董骏峰,梁樑,等.考虑排放许可与交易的生产优化[J].中国管理科学,2009,(3):81-86.

[114]陈剑.低碳供应链管理研究[J].系统管理学报,2012,(6):721-728+735.

[115]李宇雨,但斌,黄波.顾客驱动需求替代下 ATO 制造商定价和补货策略[J].系统工程学报,2011,(6):817-824.

[116]毕功兵,王怡璇,丁晶晶.存在替代品情况下考虑消费者策略行为的动态定价[J].系统工程学报,2013,(1):47-54.

[117]郭军华,杨丽,李帮义,等.不确定需求下的再制造产品联合定价决策[J].系统工程理论与实践,2013,(8):1949-1955.

[118]徐峰,盛昭瀚,陈国华.基于异质性消费群体的再制造产品的定价策略研究[J].中国管理科学,2008,(6):130-136.

[119]白光林,万晨阳.城市居民绿色消费现状及影响因素调查[J].消费经济,2012,(2):92-94+57.

[120]广东省 2016 年度碳配额制度分配方案,2016,http://files.gemas.com.cn/carbon/201607/2016071110363569.pdf.

[121]刘婧.基于强度减排的我国碳交易市场机制研究[D].复旦大学,2010.

[122]任力.国外发展低碳经济的政策及启示[J].发展研究,2009(2):23-27.

[123]王留之,宋阳.略论我国碳交易的现状与金融创新研究[J].现代财经,2009(10):30-34.

[124]何潇潇.欧盟碳排放权分配体系的探讨及借鉴意义[J].金融观察,2013,9:32-37.

[125]王文叶.论马克思生态理论的历史演进与现实价值[D].中国石油大学,2011.

[126]赵建军.可持续发展理论与实践的两难抉择及未来路径[J].科学技术与辩证法,2002,(3):4—7.

[127]胡瑜杰.甘肃省发展低碳经济若干思考[J].黑河学院学报,2013,(3):34—38.

[128]于天飞.碳排放交易的市场研究[D].南京林业大学博士学位论文,2007.

[129]徐永前.碳金融的法律再造[J].中国社会科学,2012:95—113.

[130]胡荣,徐岭.浅析美国碳排放权制度及其交易体系[J].内蒙古大学学报(人文社会科学版),2010(003):17—21.

[131]苏素.产品定价的理论与方法研究[D].重庆大学,2001.

[132]何潇潇.欧盟碳排放权分配体系的探讨及借鉴意义[J].金融发展研究,2013(9):32—37.

[133]肖志明.碳排放权交易机制研究[D].福建师范大学,2011.

[134]庄彦,蒋莉萍,马莉.美国区域温室气体减排行动的运作机制及其对电力市场的影响[J].能源技术经济,2010(8):31—36.

[135]王伟中,陈滨.《京都议定书》和碳排放权分配问题[J].清华大学学报:哲学社会科学版,2002,17(6):81—85.

[136]叶虎岩.碳排放权初始配置研究[D].山东财经大学,2012.

[137]刘晴川,李强,郑旭煦.碳排放权初始分配方式选择及配套制度设计研究综述[J].科技与企业,2014(24):6—7.

[138]苏建兰,郭苗苗.中国碳交易市场发展现状、问题及其对策[J].林业经济,2015,1:023.

[139]左宇.中国区域碳交易市场的原理及实践[D].暨南大学,2014.

[140]孟新祺.国际碳排放权交易体系对我国碳市场建立的启示[J].学术交流,2014,(1):78—81.

[141]蒋晶晶,吴长兰,李用,等.深圳碳配额分配中的行业案例分析[J].开放导报,2013,(3):94-98.

[142]安丽,赵国杰.电力行业二氧化碳排放指标分配方式仿真[J].西安电子科技大学学报,2008,(1):45-49.

[143]王倩,俊赫,高小天.碳交易制度的先决问题与中国的选择[J].当代经济研究,2013(4):35-41.

[144]解振华.过早、过急、过激的绝对减排不可取[N].中国经济导报,2010-04-08(B01).

[145]王萱,宋德勇.碳排放阶段划分与国际经验启示[J].中国人口·资源与环境,2013,(5):46-51.

[146]杨珺,卢巍.低碳政策下多容量等级选址与配送问题研究[J].中国管理科学,2014,22(4):51-60.

微信公众号　　天猫旗舰店

ISBN 978-7-5642-4345-6

9 787564 243456 >

定价: 59.00 元

中国少年儿童生态意识教育丛书
环境保护部宣传教育中心　主编

Gunter's Fables
冈特生态童书
45

ZERI

"To never stop dreaming"

"永远不要停止梦想"

另一面的阳光

Sun on both Sides

Gunter Pauli

冈特·鲍利 著

唐继荣 译

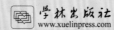

学林出版社
www.xuelinpress.com

亲爱的小朋友们

小朋友们，你们想不想去大自然的五个王国探险？想不想知道河马是怎样美容的？冈特·鲍利先生为你们创作了许多有趣的童话故事，带着你们去奇妙的生态王国寻宝，相信在这段神奇的旅程中，你们一定会大开眼界。

如果读完故事还意犹未尽，"你知道吗？"会告诉你们更多的科学知识，"自己动手"会指导你们开辟自己的一片天地。最后，邀请你们的爸爸妈妈和老师们一起加入奇妙之旅吧！"教师和家长指南"为他们准备了各种背景知识，当然，遇到困难时，还是要请他们向工具书或者专家求助哦！

扫一扫，就能听冈特小故事。
更多惊喜，等你发现哦！